建筑管理与安全防控

冯志和　朱志勇　韩燕永　主编

吉林科学技术出版社

图书在版编目（CIP）数据

建筑管理与安全防控 / 冯志和，朱志勇，韩燕永主编 . -- 长春：吉林科学技术出版社，2020.10
ISBN 978-7-5578-7620-3

Ⅰ . ①建… Ⅱ . ①冯… ②朱… ③韩… Ⅲ . ①建筑工程—安全管理 Ⅳ . ① TU714

中国版本图书馆 CIP 数据核字（2020）第 193626 号

建筑管理与安全防控

主　　编	冯志和　朱志勇　韩燕永
出 版 人	宛　霞
责任编辑	隋云平
封面设计	李　宝
制　　版	宝莲洪图
幅面尺寸	185mm×260mm
开　　本	16
字　　数	250 千字
印　　张	11.25
版　　次	2020 年 10 月第 1 版
印　　次	2020 年 10 月第 1 次印刷
出　　版	吉林科学技术出版社
发　　行	吉林科学技术出版社
地　　址	长春净月高新区福祉大路 5788 号出版大厦 A 座
邮　　编	130118
发行部电话 / 传真	0431—81629529　　81629530　　81629531
	81629532　　81629533　　81629534
储运部电话	0431—86059116
编辑部电话	0431—81629520
印　　刷	北京宝莲鸿图科技有限公司
书　　号	ISBN 978-7-5578-7620-3
定　　价	55.00 元

版权所有　翻印必究　举报电话：0431—81629508

前言

在社会经济高速发展的大背景下，建筑行业也高速发展，在建筑行业运营期间，大量资金、人员、新技术与设备等不断涌入，在很大程度上提升了建筑项目的施工与管理水平。施工管理是建筑施工进程中的核心内容，属于一项复杂度、系统性高的工作，涉及范围之广、涵盖环节之多。建筑管理水平与建筑项目建设质量、和谐社会建设情况等密切相关。明确当下建筑管理中存在的主要问题，实施相应解决对策，是促进施工单位长久、健康发展的重要举措之一。

在建筑管理期间，施工单位要结合自身现状，建设健全施工管理责任机制，其对相关部门的施工管理行为能起到约束作用。若建筑管理期间存在难度偏大的任务时，应组织管理人员前往现场加强监管，详细记录施工流程等，并对有关工程材料进行归档保存，为工程后期参考与施工提供有效指导。在施工阶段，管理人员应加强工程质量的检验，确保工程各流程施工质量均符合质量验收标准。严格推行责任机制，保证建筑建设质量管理的相关责任均能落实到个人，对管理人员形成督促作用，保证质量管理责任的可追溯性，全面提升建筑管理的整体水平。

建筑工程项目具备施工工期长、规模大的特点，如果工程施工现场的安全管理不规范，特别容易引发大规模的施工安全事故，降低建筑工程项目的社会效益与经济效益。为了保证建筑工程施工安全管理质量得到进一步提升，本书重点探讨建筑工程安全管理中存在的主要问题与解决对策。

总之，建筑管理是一项十分复杂的过程，且具有较高的综合性，管理质量与水平和施工单位未来发展情况密切相关。故而，施工单位在实践中应连续创新管理理念、建设质量管理制度并严格执行、加强施工进度与成本管理，从多个方面落实管理措施，以从根本上保证建筑施工管理工作效率。

目录

第一章 建筑管理的基本理论 ... 1

第一节 建筑管理存在的问题 ... 1

第二节 建筑管理的影响因素 ... 4

第三节 建筑管理中的协同管理 ... 7

第四节 建筑管理信息化发展 ... 10

第五节 城市规划与建筑管理 ... 13

第六节 建筑管理项目控制 ... 16

第七节 建筑管理中质量管理 ... 18

第二章 建筑项目管理 ... 21

第一节 建筑项目管理现状 ... 21

第二节 影响建筑项目管理的因素 ... 24

第三节 建筑项目管理质量控制 ... 27

第四节 建筑项目管理的创新机制 ... 30

第五节 建筑项目管理目标控制 ... 32

第六节 建筑项目管理的风险及对策 ... 35

第七节 BIM技术下的建筑项目管理 ... 37

第三章 建筑成本管理 ... 41

第一节 建筑成本管理的问题 ... 41

第二节 装配式建筑的成本管理 ... 43

第三节 建筑成本管理的意义 ... 47

第四节 建筑成本管理的控制……………………………………………………51

第五节 绿色建筑的成本管理……………………………………………………55

第六节 建筑经济的成本管理……………………………………………………58

第七节 基于全寿命周期的建筑成本管理………………………………………62

第八节 以项目为中心的建筑成本管理…………………………………………65

第四章　建筑施工管理……………………………………………………………69

第一节 建筑施工的进度管理……………………………………………………69

第二节 对建筑施工现场管理……………………………………………………71

第三节 建筑施工房屋建筑管理…………………………………………………74

第四节 建筑施工安全风险管理…………………………………………………76

第五节 建筑施工技术优化管理…………………………………………………79

第六节 建筑施工技术资料整理与管理…………………………………………82

第五章　建筑造价管理……………………………………………………………85

第一节 建筑造价管理现状………………………………………………………85

第二节 工程预算与建筑造价管理………………………………………………88

第三节 建筑造价管理与控制效果………………………………………………90

第四节 节能建筑与工程造价的管理……………………………………………94

第五节 建筑造价管理系统的设计………………………………………………97

第六章　建筑安全防控的基本理论……………………………………………102

第一节 建筑工程安全质量……………………………………………………102

第二节 建筑工程安全文明施工………………………………………………106

第三节 建筑工程安全效益探究………………………………………………108

第四节 建筑工程安全监管问题………………………………………………110

第五节 建筑工程安全监理……………………………………………………113

第六节　建筑工程安全施工防护要点 ……………………………………………… 115

　　第七节　建筑工程安全施工的重要意义 …………………………………………… 118

第七章　建筑工程安全管理 …………………………………………………………… 122

　　第一节　建筑工程安全监督管理 …………………………………………………… 122

　　第二节　建筑工程安全施工的预警管理 …………………………………………… 126

　　第三节　BIM技术的建筑工程安全管理 …………………………………………… 129

　　第四节　建筑工程安全风险管理 …………………………………………………… 132

　　第五节　建筑工程安全管理影响因素 ……………………………………………… 134

　　第六节　建筑工程安全施工目标 …………………………………………………… 137

第八章　建筑智能化管理 ……………………………………………………………… 141

　　第一节　建筑智能化工程的项目管理 ……………………………………………… 141

　　第二节　基于建筑智能化系统工程项目集成管理 ………………………………… 145

　　第三节　建筑智能化系统的设计管理 ……………………………………………… 147

　　第四节　基于BIM的办公建筑智能化运维管理 …………………………………… 150

　　第五节　建筑智能化安装工程管理 ………………………………………………… 159

　　第六节　综合体建筑智能化施工管理 ……………………………………………… 161

　　第七节　智能化建筑机械安全管理 ………………………………………………… 165

　　第八节　建筑智能化管理系统的分布化、综合化和动态化 ……………………… 167

参考文献 ………………………………………………………………………………… 170

第一章 建筑管理的基本理论

第一节 建筑管理存在的问题

近年来，我国各行各业发展的势头十分迅猛，其中建筑工程作为社会经济建设的龙头企业，竞争亦是十分激烈，而加强其综合管理，可以提高工程的质量，提升企业的竞争力。基于此，本节阐述了现代建筑工程管理中容易出现的问题，并提出几点加强管理的具体措施与创新研究，具有工程参考和借鉴意义，希望能够帮助到有关人员。

一、现代建筑工程管理中存在的问题

（一）施工现场管理混乱

在建筑行业中，将不同工程分包出去的现象十分常见，存在用工关系松散，这也是当前用工关系的问题所在。各单位的施工人员无法做到科学衔接，没有将职责进行清楚的划分，致使许多项目管理混乱，如果某个项目出现问题，没有办法将责任准确地落实到个人，也就无法从问题的源头入手。长久以往，堆积的问题越来越多，原本可以解决的小问题演变成大问题，可能会造成无法预估的严重后果。有些工程的分包商为了尽快完工，忽略施工进度规划的流程，盲目赶工，容易造成施工现场混乱，建筑材料堆积。比如，在土建工程中，没有给燃气、取暖留气口，后期还要另外扒开沟槽，不仅增加了施工工序，还破坏了已经完工墙体的美观性。除此之外，由于没有对各分包商进行协调监管，有些施工单位为了从中获取效益，轻视工程的质量，出现以次充好或者偷工减料的现象，这为整体的建筑工程埋下安全隐患。

（二）安全管理不到位

安全问题不论在什么时候都是至关重要的问题，特别是在建筑业，建筑工程的质量更是与人们的生命安全息息相关。部分施工单位安全意识薄弱，机械化程度低，安全措施不够完善且施工技术不规范，存在为了提高自身利益，破坏周围生态环境的现象。这不仅给周围人们的日常生活带来严重的影响，也将自身置于危险当中。有

些建筑企业轻视安全人员岗，将此岗位作为表面工作，在实际施工中该岗位没有权威性，很难发挥出其作用。安全人员的专业水平十分重要，如果安全人员自身能力不足，很难及时发现问题或者识别出隐患的问题，使得原本可以容易解决或者提前预防的问题遗留下来，对工程后期造成很大的影响。还有一种情况是，施工单位设立了安全人员岗，但是相关的安全人员却没有将自身职责落实到位，没有及时指出施工技术的不规范之处，导致有些施工人员、技术人员只是凭经验工作，没有结合工程具体情况与流程，也会引起安全问题。

（三）环境污染问题

建筑施工中会产生许多建筑垃圾，不仅是废弃的建筑材料，还会产生粉尘、噪音、有害物质等，这些都严重影响到人民的生活体验与周围的生态环境，可能会引起投诉问题。虽然建筑单位会在工程外围设置挡板，但是仍旧存在许多问题，如将废弃的建筑材料随意堆积，且施工现场有许多泥土路面，很容易出现泥水飞溅的现象。泥点飞溅到周围的建筑上，被风干之后，泥土颗粒被吹的随处都是，污染了空气质量；如果挖土车从泥水上驶过，会造成路面的泥泞，这些都给环境造成不同程度的负担。

二、加强现代建筑管理工作的具体措施

（一）落实责任、规范施工工序

必须要在施工过程中加强质量管理，将各环节的责任落实到个人，规范施工工序。将各个部门、各个工种的职责与权力划分清晰，将责任落实到具体的负责人，如果在施工中出现问题，可以明确知晓问题发生在哪个区域，然后找到对相应的负责人问责，以此来提高施工人员的工作态度，减少因为责任划分不明确而出现的施工问题。一定要加强对施工工序的管理，严格按照施工计划，对不同的分包商进行协调管理，使得每个工序能够有机的连接，以此来提高工程现场管理的水准，保证工程能够按计划、有秩序地进展下去。同时，建筑行业也是随着市场经济的需求而不断进步的行业，因此，企业一定要根据市场的导向，了解人们的需求，及时引进新技术，不仅可以提高企业竞争力，同时也提高了整体工程的质量。

（二）加强安全管理

建筑工程的许多环节都需要人力去作业，而安全问题作为建筑工程的重中之重，所以对相关工作人员的安全培训工作十分重要。企业要在施工人员正式参与到工作之前，提前做好相关的培训工作，增强施工人员的责任意识与安全意识，减少因为施工

人员自身的疏忽而出现安全问题。同时在施工中，不仅要在出现安全问题的时候及时解决，也要提高对隐患问题的警惕性，要时刻注意潜在危险，相关安全检查岗位的工作人员要做好监察工作，对工人在施工中出现的不规范技术进行指导，施工人员也可以互相提醒同事不正确之处，企业要鼓励这种做法，对指出别人错误的工人予以奖励。不仅要在施工过程中注意安全问题，也要注意工程外围的安全问题，特别是对围挡外的安全问题，定期检查围挡是否牢固，避免因为出现围挡倒塌，砸到行人、车辆等，造成财产损失甚至威胁到人们的生命。安全管理也涉及对工程质量的监管，而建筑工程具有施工周期长、工序繁杂等特点，因此要确保每一个环节的质量都能过关。首先要确保建筑材料的进料渠道的正规性，仔细核对建材的质量，杜绝以次充好的情况出现。其次，施工过程透明化，施工现场严格按照计划方案进展，其中所有的施工步骤都必须在严格的监管下进行。最后，竣工后要及时完成验收工作，按照相关的标准做好各方面的验收工作，离岗不离人，在交工之前都要做好对建筑的监督管理工作。

（三）加强环境保护

施工单位一定要重视环境保护问题，相应国家可持续发展的战略。如果施工现场或者外围的建筑垃圾堆积过多，不仅会影响到周围居民的生活环境，容易引起投诉，还会影响到施工人员的情绪，一定程度上会影响工人工作的效率和工程的质量。因此，加强施工过程中对环境的保护，是当前施工单位必须要重视的事情，可以从以下几个方面入手：①对施工人员进行安全、质量培训工作时，引入环境教育相关的培训，增强工人的环境保护意识，禁止乱丢、乱放垃圾现象的产生，并且要定期做好各区域的卫生检查工作，对于脏乱差的区域，要落实到具体的负责人，并做出相应处罚，确保施工环境的整洁；②针对噪音问题，不要在夜间施工，尽量避开居民的休息时间，同时要保证施工的规范性，避免因为不当操作造成的设备碰撞、损坏，减少噪声带来的污染；③针对那些庞大的建筑垃圾，不要堆积影响到施工现场秩序的时候才进行清理，要设置专业的人员及时做出清理。针对泥泞的路段，要铺上铁板，做好排污水工作，铲土车在离开施工现场的时候，要进行冲洗；④做好降尘工作。定期清洗建筑设备，减少堆积在设备上的泥土颗粒，在围挡上方安置降尘喷雾装置，减少施工过程中产生的灰尘对空气的污染。

三、现代建筑工程管理工作的创新研究

（一）从施工技术方面

施工技术的规范、先进与否对工程项目的整体质量有一定影响，所以严格要求

施工技术十分有必要性。现代建筑工程随着市场需求不断的在变化，相关的施工技术也需要不断的发展创新，目前施工技术的创新通常有内部创新和外部创新两种方式：①内部创新。企业根据具体工程项目的施工情况，如果该项目使用现有的施工技术无法达到预想效果，就需要对施工技术做出优化或者创新，使得新的施工技术能够满足工程项目需求。为了尽快寻找出最适合该项工程的技术，企业可以制定激励制度，通过丰厚的物质奖励来集思广益，实现企业内部技术的创新；②外部创新。企业引入先进的施工技术，根据实际施工中新技术的应用情况，与提供技术的公司建立良好合作关系，及时将技术应用过程中出现的优势、不足做出反馈，以达到施工技术优化的目的，然后在合作中逐步发展成一种良好的技术创新模式。无论是内部创新还是外部创新，都必须从建筑工程的实际情况出发，在施工中不断的优化、改进新技术，以此来达到高效施工的目的。

（二）从施工管理理念方面

古语云："学不可以已。"这句话不仅针对于学习，可以说适用于任何行业，行业想要不断发展进步，就必须不断接受新知识、新技能、新理念，特别是对于管理者来说，管理者在企业中扮演着决策者的角色，其制定的决策对企业未来的发展有巨大影响。对于建筑管理工作来说，人们的思想在不断进步，需求也有所改变，传统的管理模式将工人认为是"经济人"，即一昧注重施工进度，忽略工人的情感、社交等方面，基于现代的社会背景下，可能会造成适得其反的效果。管理者要转换管理理念，将工人认为是"社会人"，结合当前社会的外部环境与项目的内部环境，调节工人之间的人际关系，尊重工人的情感。管理者一定要做好引导作用，关心工人，增加与工人之间的情感沟通，提高工人的信任度，在一个情绪稳定、和谐的人际关系中施工，在保证施工质量的同时，还可以有效提高施工效率。

人民的需求随着经济的发展而不断增加，建筑行业的发展必须要紧跟市场动向，而提升管理能力可以使得建筑企业在进步的过程中确保工程的质量。目前我国建筑管理中仍旧存在着诸如安全管理、现场管理、环境管理等多方面的问题，需要施工单位不断的做出改善，从以上多方面加大管理力度，以此来提高自身的口碑与经济效益。

第二节　建筑管理的影响因素

在建筑业日新月异的提高的趋势下，对于建筑工程管理的重视程度越来越高。建筑工程管理不仅是为提高建筑工程质量，也是为保障建筑项目施工的安全，同时可以控制工程施工的总成本。在当前建筑施工中，影响工程质量的因素有很多，比如主观因素、材料因素和人为因素等。只有找出问题及其影响因素所在才能采取针对性的措施加以解决，为此本节将在分析影响建筑工程管理因素的基础上，对如何提高建筑施工质量谈几点看法。

提高质量、保障安全是建筑施工管理的最终目标，也是其核心要素，这些都是建筑行业发展的基础和根本。全新的时代背景之下，建筑行业取得了有目共睹的成就，不仅可以满足人们的多样化需求，还在不断研究与应用的过程中推出了诸多新型的建筑结构和施工技术。这为建筑行业的进一步发展注入了新鲜的血液，也为社会和经济建设提供了源源不绝的动力。但建筑行业仍然没有彻底摆脱建筑施工管理中的不利因素，所以，建筑工程的整体质量始终没有达到预期的目标。建筑行业的当务之急就是要了解影响建筑施工管理的不利因素，根据其中的问题制定解决策略，维护建筑行业发展的持续性。

一、建筑施工管理定义

建筑施工管理是指工程项目建设施工中各项管理工作。通过相应管理不仅能够保证相关人员对建筑施工流程、施工进度和具体施工技术有所了解，并结合各项基础信息开展工程项目施工管理，及时改善建筑施工中不合理的地方，避免建筑施工问题持续恶化。而且按照标准化程序在建筑施工中开展有效管理工作，还能提高施工人员与管理人员在相关工程项目综合施工中的参与力度，确保施工人员和管理人员在相互合作条件下开展标准化施工管理工作，调整建筑施工缺陷，赋予建筑施工一定现代化内涵。

二、建筑工程管理的主要影响因素

（一）人员主观因素

就现当代发展来看，我国在建筑施工管理当中发展情况不容乐观。由于许多施工项目当中管理者大多坚持着一种较为传统的管理方法以及陈旧管理思想，依据自身主管意识对整个施工工程进行管理。这就导致整个建筑施工工程管理制度和方法难以满足现当代时代发展要求，在针对现场勘察、业主监督以及施工设计时候，需要有众人参与、把控的时候难以得到有效实施，进而无法提升整个建筑施工工程管理质量。

（二）安全问题

确保现场施工人员的生命、健康和安全是施工单位义不容辞的责任，组织施工人员的安全生产是管理人员的核心任务之一。然而,许多管理者缺乏安全管理意识,甚至缺乏对整个机械设备应用系统的风险分析能力和识别能力,也缺乏对施工现场潜在风险的深入挖掘。随着我国城市化建设的不断发展,住宅建设项目的规模越来越大,工程机械设备也越来越复杂。但是,管理人员采取的安全措施没有及时更新,留下许多安全隐患,甚至造成严重的安全事故。

(三)材料质量因素

施工材料是建筑工程管理人员的管理重点,究其原因,主要是在建筑工程中,施工材料的成本占建筑总成本的70%以上,其质量如果存在问题,不仅会影响工程的质量,还会导致施工成本大幅度上升,不利于建筑企业的发展。比如:上述工程的管理人员,在施工材料进场前没有做好质量检查,致使质量不达标的材料进入施工现场,从而在施工过程中引发了严重的质量问题,业主方要求施工单位重新进行施工,导致施工成本大幅度上升。

三、建筑工程管理质量提升策略

(一)优化创新建筑施工管理理念

由于建筑施工管理项目混乱复杂,传统工程项目施工管理理念已经不能满足现代化建筑施工管理要求,这就应按照我国建筑行业发展趋势制定创新型建筑施工管理理念,对传统施工管理理念实施优化创新,避免建筑施工管理因管理理念而出现问题。加上建筑施工中管理项目比较复杂,主要包括工艺管理、施工组织管理、人员配备管理和施工原料管理者几个方面,这就应要求相关人员借助创新理念对各项目实施分模块管理,降低建筑施工管理难度,有效规避建筑施工管理问题。同时还应在建筑施工管理中应用一系列先进管理技术,比如信息化技术,及时处理建筑施工管理中不合理地方,使得建筑施工管理达到充实合理状态。

(二)完善人员管理培训机制

建筑工程管理中,要积极开展人员管理培训,确保建筑施工人员与管理人员具有较高的专业素养。其中,可以具体从建筑工程管理人员、施工人员两个角度,进行有针对性的管理工作。对于建筑工程管理人员,建筑企业应事先采取合理的选拔与聘用制度,选拔具有良好专业技能的人员。管理人员在进入工作岗位之前,企业也应开展相应的培训工作,使其充分掌握有关建筑工程管理的知识。培训后要对管理人员实施考核,在通过考核之后才能进行聘用。建立专业的工程管理队伍,促进各项管理制度的落实。对于施工人员来说，为了有效规范其施工操作过程，提高施工技术水平，建筑企业在进行培训时可以根据实际情况，事先制定相关的工序作业指导书，以此为依据开展施工人员培训工作，在培训的内容上，需要包含施工流程、施工技术方法、施工所依据的标准等，促进施工人员严格依据培训内容开展施工操作。与此同时也要重视施工安全培训，加强对施工人员的安全教育。

（三）材料质量

在实际施工中，建筑工程要用到诸多的材料。材料的质量，关系到工程是否能顺利高质量完成。而在施工管理中，要注重材料管控，特别是一些关键性材料，比如水泥和钢筋。这些材料的型号以及规格，都是要达到国家标准。在施工管理中，若是有材料管控的失误，一些材料质量没有达到相关要求，就会给工程安全性以及稳定性，造成诸多的影响，从而给企业造成或多或少的经济损失，有损企业形象。

综上所述，建筑工程管理中的影响因素较多，为提升管理水平，建筑企业应确定建筑工程管理目标、应用先进的科学技术，提升管理人员的素质，并加强施工材料和施工机械的管理，实现对建筑施工过程的动态化管理，以强化管理效果，保证建筑工程的施工质量。

第三节　建筑管理中的协同管理

现阶段我国经济和社会的发展为各行业的进步提供了有力条件，作为我国的支柱型产业，建筑行业对于我国经济增长起到了至关重要的作用，同时也有了较大的突破和发展，但在工程质量管理方面仍然存在着一些问题，对行业的收益产生了一定的负面影响，阻碍建筑企业可持续发展。文章阐述了协同管理在建筑管理中的重要性，分析了现阶段协同管理存在的问题，并给出了相应的解决措施。

协同管理就是通过协作来实现共同管理的目的，具体来说就是对分项项目进行统一的管理，从而完成整个项目的施工。怎样通过协同管理来有效管理各种常见问题和不可预测问题，从而提高企业的施工效率，实现更大的社会效益和经济效益，已经成为了建筑企业当前的主要研究问题之一。

一、协同管理的重要性分析

在建筑企业中，协同管理是整体经营理念的体现，通过整体的共同运作来实现企业经济效益的提升，其重要性主要有以下几方面：

在建筑企业内部供应链中，科学有效的协同管理能更好地表现各部门工作的协调。当前阶段经济迅速发展，企业供应链方面的竞争激烈，能否协调进行供应链运作对于企业能否在市场竞争中占据有利地位具有不可忽视的意义。对于企业自身来说，应从更广泛的角度来考虑供应链的整体运作，从而在满足客户要求的基础上降低实际成本。协同管理可以使企业管理上升到新的高度，从而实现整个企业内部的协调合作，为企业经济效益的提升奠定基础。在企业供应链中进行协同管理，对于企业扩大优势、提升综合实力以及合理配置资源是十分有帮助的。

从系统学角度来说，协同管理优化了时间、空间以及多个系统的分支，从而形成具有协调统一、合作竞争等多系统共同运作的共同体。对各个系统分支的优点加以充分利用，同时相互弥补不足，从而最大化整体利益，使企业的竞争力充分提高。

二、协同管理问题分析

（一）沟通方面的问题

在建筑工程实施过程中，时常因项目经理与施工组织没有充分、明确的目标而出现混乱的局面。由于目标和利益不同，每个企业都根据自身的需求以及利益来行动，导致出现较强矛盾以及敌对性，但对于这项问题，往往项目经理都不能有效解决；项目经理时常会召开一些并不是非常重要的会议，并且会议中被一些部门的领导带偏；不能及时地掌握信息，因此不能在最合适的时间内向负责人传达具体内容，导致了工程信息的缺乏，并且慵懒现象严重，缺乏及时性；项目经理常常存在较为严重的主观臆断，在具体的项目中，有时虽然负责人决策不够科学合理，但员工不敢反抗负责人的决策，或者是碍于情面而无动于衷；这些都给项目埋下了巨大的隐患。在工程项目中，有时会由于停工及调整而造成较大的恐慌，在工程中如果有危机出现，那么管理人员就会做出停工或者是大幅度调整的决策，从而导致一些难以预料的问题暴露出来。在工程项目中还存在着条约混乱的情况，有时工作人员没有给予合同以及协议书充分的重视和理解。

对于上述问题，如果不以科学的管理体系来进行控制和管理，就会导致各个部门之间缺乏协调、各行其是，从而造成更大的隐患。

（二）机制方面的问题

项目的决策过程很大程度上会受到管理人意见的影响，导致很多责任不能有效的传达，不能正确地对责任书加以理解，从而导致整个工程的建设进度受到阻碍和影响，给工期造成较大不利影响。

（三）供应链问题

要保证建筑工程能够在工期内高质量完成，就必须有一个较为完善的供应链，具体来说，施工原材料选购、工程预算、监督管理工作以及具体的材料使用、技术水平等供应链的环节都会对工程产生较大影响，同时原材料供应不及时会导致施工物料的短缺，从而影响工期。因此，企业必须对供应链进行有效的管控，为企业经济效益的提高奠定基础。

（四）协同管理问题解决措施分析

在施工前做好充分准备，要求不同部门的管理人员充分了解整个工程的各个细节，要有事先的规划，做到行动与规划相统一。项目实施前有序的准备对于项目实施具有基础性作用，如果在对项目不是很了解的情况下展开施工，只会造成项目中的盲目跟从现象。对于技术人员来说，对图纸的每一个细节、规则要求以及施工方法都要清晰掌握。施工人员及管理人员要清晰地知道施工的时间顺序，确定施工的关键点以及进度安排，整体统筹管理现场施工，从而保证现场进度的科学合理。对于主要负责人来说，一定要到施工现场参与勘查工作，并且确保实际情况与图纸充分结合，从而制定出最为适宜的施工方案，只有这样才能为建筑管理中协同管理的实施提供保障，帮助企业落实更加完善合理的施工方案，为建筑工程的实施提供有力条件。

对个人的权利和责任进行明确。对于建筑工程所涉及的内容、方法以及信息对象等进行全面的划分，并且确定每个人相应的业务范围，使当事人对承担的责任有清晰的了解。在实际施工前，要向操作人员交代清楚工程的具体任务、要求以及施工方法，只有保证施工人员掌握了工程的首要内容，明确了自身要承担的任务，才能保证工程得以有序的实施。

加强各部门之间的有效沟通。建筑工程中涉及到众多的施工参与方以及不同的部门，整个工程不是孤军奋战就能完成的，而是要各个方面来进行统筹配合以及协调，充分凝聚整个团队的力量。建筑工程能够按时按质完成，不仅在于科学的施工技术，更在于有效的管理。如果管理环节出现问题，会导致施工现场受到较大影响，没有凝聚力，施工如一盘散沙般进行。如果协同管理不够，就会导致集体漫无目的，缺乏集体观念，在这样情况下完成的建筑工程，其质量可想而知，因此协调管理在工程建设中是十分重要的。

三、协同管理策略

在建筑管理过程中有效地应用协同管理，有利于建筑工程的各个参与方实现协调统一的配合，从而将施工成本进一步降低。要对施工现场材料的使用严加监督管理。对外承包工程时，要注意施工技术管理方面的控制，从而提高建筑工程的施工质量，为企业经济效益的实现提供保障。

具体来说，首先要创建有效的沟通交流平台，为领导和管理人员之间的有效交流提供保障。集中企业决策过程中所收集到的多方面意见，从而最终确定最为适宜的施工方案，同时对各个细节进行优化和完善，防止施工过程中以及竣工后出现不必要的麻烦。其次要进一步强化供应链的管理和控制，通常工程中会涉及到众多的材料供应商，管理起来具有一定的困难，因此企业要加强与各个商家之间的信息动态共享，在整体上使得成本有效降低，进一步提升实际利益。最后要在管理理念方面进行创新，要想实现企业的长久发展，就要在发展过程中不断优化管理理念，只有不断地学习和发展才能有效加强企业的管理效果，使管理人员明确创新的作用。同时要注重协同管理的改革，使其贯穿于整个企业管理之中，促进各部门之间运作的协调统一。

总而言之，有效的协调管理为企业各部门之间的协调配合奠定了基础，只有实现有效的沟通和交流，才能为问题的解决提供有力条件，同时减少工程中事故的发生率，保证工程建设的顺利进行。

第四节　建筑管理信息化发展

近年来，我国建筑企业利用先进的信息技术，不仅实现了企业资源的合理配置，还有效提高了各项工作的控制和管理水平，在建筑领域各方面工作的进展中均取得了明显成效。但是，在实现信息化的过程中仍然存在一些不足和问题。论文对当前建筑管理信息化的发展现状展开分析，并提出了切实可行的措施和建议，以期借鉴。

信息化指的是以计算机智能系统代替过去传统的生产力，促使企业朝着现代化的方向发展的一种方式。信息化技术不仅可以实现信息的获取和传递，还能实现信息的处理与再生，是和当前智能化工具发展相适应的生产力，也被称为信息生产力。由于建筑企业在发展过程中涉及的环节和内容过多，需要做好详细的控制管理与组织计划，以保证物力、人力和财力能够实现协调发展，推动企业实现最大化的利益。

一、我国建筑工程管理信息化的现状

近年来，虽然我国信息化的发展速度较快，大部分建筑企业已经引入了信息化管理技术，但是在信息化实现的过程中，仍然存在诸多不足和问题，具体分析如下。

（一）对信息化认识不全面

近年来，建筑领域的竞争日益激烈，很多规模较大的企业都在探索信息化管理的过程中建立了企业自身的局域网络，实现了企业信息资源的共享。但是，仍然有一些企业对信息化系统的应用缺少了解，缺少重视，只是企业的管理层人员在进行信息化的推广。而他们理解的信息化技术也仅仅是利用计算机进行信息检索和打印。信息化的核心目标是更加明确、便利地做好企业的成本控制、合理协调企业资源以及规范各项工作流程。

（二）信息化程度发展不平衡

各个地区的信息化发展程度是不一样的，存在不均衡的现象，建筑行业也不例外。这是由于发展水平较高的地区对信息化的认识比较充分，而发展水平较低的地区则信息化程度较低。在建筑行业内部，不同工程的信息化程度也是不一样的，例如，工程项目信息化应用和市政工程项目相比，应用效果不是很理想。此外，信息的流动性也不是很强，尽管目前我国大部分建筑企业设立了自己的局域网，但是在信息处理方面仍然存在一定的误区，员工之间信息共享的程度也有待提高，从一定程度上导致了企业信息闭塞，不利于企业实现快速发展。

（三）信息化软件维护力度不足

尽管信息化已经得到普遍推广，但是我国的软件行业还处于发展阶段，需要大量的高端信息技术人才。当前国内很多建筑企业组织机构的发展水平不同，信息化软件的操作和使用存在一定的难度，在企业管理过程中，涉及软件的维护和管理也是有一定的难度。

三、推进我国建筑管理信息化的措施

随着建筑工程管理信息化的广泛应用，我国建筑工程的施工技术和管理模式都有了极大的改善，对推动整个建筑行业的发展有积极的作用。立足于建筑管理信息化的优势，结合发展实际，以下对如何推进我国建筑管理信息化建设展开分析，具体如下。

（一）政府相关部门应加强资金、人才和政策等方面的引导

政府行政主管部门应加大资金的引导，有效引导企业运用计算机和网络技术。同时，注重对信息化人才的培养，推动企业技术人员和管理人员的规范化培训、指导和教育。对于建筑企业，要重视信息化人才的培养和引进，加强与科研单位的合作，

利用科研单位先进的设备进行新产品和技术的研发,并节约开发成本。政府的行政主管部门应为保障建筑工程信息化制定合适的政策措施,推出建筑企业信息化的标准,让建筑企业充分了解自己的信息化管理水平,从而制定适合自身企业发展的信息化计划,包括制定建筑企业的电子商务规范,对建筑材料供应商、承包商进行有效的监督管理,优化整合已有资源,实现在工程招标投标和开发过程中的信息化,降低成本、提高效率。

(二)开发适合企业发展的信息管理平台

建筑企业要建立一个涵盖项目远程监控、施工现场管理、企业知识、项目多方协作等多层次的信息平台和管理系统,实现企业和项目之间的信息整合、交换和标准化。建筑企业在项目的实施过程中涉及资金会计、定额成本、计划进度、人员管理、质量安全、分包管理、物资设备、变更设计等众多内容。这些都是项目管理中不可缺少的要素。这是由于建筑工程的管理内容包括项目管理组织设置、项目管理模式确定、职能分解、信息管理流程、项目的具体工作流程和管理规章,涉及现场管理施工、合同管理、财务管理、材料设备管理、概预算管理等多个环节。在实现工程项目信息化管理的过程中,不仅要考虑上述问题,还要突破各部门单一化的应用局限,在数据中心建立和工作流程一致的工作模式,将各项内容科学地联系在一起,从而实现企业各模块的联合监控,有效调和项目部和各相关部的工作关系。

在开发建筑项目管理平台的过程中,要立足于建筑工程管理水平构建建筑管理信息系统,从而以现代信息技术作为支撑,更好地实现建筑工程的成本管理。信息技术管理系统开发的主要内容是将建筑质量成本管理和项目管理系统实现科学结合。一个科学的建筑企业质量信息管理系统的建立,要综合考虑项目、财务管理等诸多因素,从而实现质量与成本信息管理系统以及项目工程管理系统的平行嵌套,从而构建完整的系统平台,更好地实现建筑工程项目数据信息的共享和优化,保证信息采集的准确性,给建筑企业项目管理提供更为有效的保证。

总而言之,实现建筑项目管理信息化建设,是一个十分重要的工作。利用计算机技术,除了要做好建筑信息的管理控制,还要体现项目工程管理的诸多特性,如关键工作、动机时间、互相制约等要素,从而利用互联网技术优化管理软件,做好进度控制和管理。从编制分部、分项工程的进度网络计划,再到计算机网络图上分配资源,从建筑预算材料、机械设备、工作人员工作清单等,都需要有一定的数据支撑。最终需要按照相应的计划和规范生成合理的资源计划。将进度的结果与计划进行综合分析与对比后,根据变化情况及时进行优化和调整,以便更好地适应建筑施工过程中复杂多变的情况。

通过上述内容，可以看出信息化对建筑管理发展的积极推动作用和影响，是建筑施工得以高效发展的保障，也是经济建设的中心。在未来，我国建筑行业会和信息化发展结合得更为密切，为我国经济发展和建筑领域的发展起到巨大推动作用。信息化技术是建筑行业实现快速发展的重要内容，在具体的工作中要有效地将信息化运用到企业内部资源共享和工作环节控制方面，不仅能够有效提高各项工作的效率和质量，还能进一步节约企业的发展成本，有效地提升企业的竞争力。

第五节　城市规划与建筑管理

近年来，我国的经济发展迅速，城市化发展速度逐渐加快，在进行城市规划的过程中，必须要采取措施来加大建筑管理力度，其对于城市发展是非常重要的。从整体上来看，城市规划的最终目标就是要通过动态形式可以有效的避免这些建筑物中存在不和谐因素，保证城市发展更加的正常化。基于该因素，本节主要针对我国的城市规划和建设管理进行全面分析，希望为从业者提供参考依据。

城市规划学就是将城市空间进行合理的规划，其主要的目标就是给人类的各种活动来提供相应的空间。在实际工作中，城市规划应该从多个方面体现出城市发展的目标和动力，也显示着人们对于生活质量的追求。

一、城市建筑的基本特点

城市建筑的最根本的特点就是体现出城市建筑与生态环境的有机结合，最为一个非常优秀的建筑设计来说，其不仅仅应该体现出设计的根本意图，还要全面提升建筑水平。建筑与生态的完美结合就能够实现与周边环境和谐统一，以周边区域的环境为出发点，与人类的正常活动进行结合，然后进行编码、存储和执行。

通过分析过去的经验可以发现，将城市的空间进行不同层次的结合后可以让人们更加容易的了解到其存在方式以及审美层次，让人们可以了解了空间所具备的具体含义。外部空间就是城市居住环境所处的环境，在其中可以体现出建设规划的基本要求，并且国家的相关部门根据正常的需要每年都会拨付一定的款项作为专用经费，也就是说政府部门进行项目审定之后根据需要来拨款，这些费用要专门的使用到建筑设计中，也体现了设计特点的规划项目上，比如有些的建筑设计中需要与城市的持续发展规划相结合，将近期的目标和远期的目标充分考虑进去，如果在发展中有所改变，需要立即进行弥补，从而保证其处于平衡的状态之下。在实际工作中，不经仅凭借着传统、落后的经验来进行设计，要以发展的眼光来看待城市规划设计，否则必然阻碍城市的发展。

二、城市规划和建筑管理的重要性

（1）建筑管理要尽量的简化整个流程，并且提供完善的服务。加速审批，提高经济效益，缩短前期工作的时间，提高工作效率，以全新的模式来进行管理。将管理工作置于建设者中，并且在整个过程中要努力的创造出一个非常和谐的工作环境，为人们提供完善的服务，保证各项工作顺利进行。

（2）抓重点，了解工作的内涵。一个令固然重要，但是也不是说一个城市中所用的建设项目都要经过一个单位的管理，也不是说任何一个像门、窗等类似的小工程都要经过单位的审批才能建设。管理单位应该摆正权力地位，要提高服务质量和水平，分项目的进行管理和服务。分级管理，为城市的建设提供更好的服务和建议。

（3）遵循规章，不绚私情。要想提高管理水平，首先就要依法行使权力，通过各种宣传手段、管理手段来进行管理，突出个性化的目标，将规划和管理成为了一种自觉行动。这样可以建设一个非常和谐、完美的工作环境，加强建筑的管理，明确的规定各个建设单位和公民的责任。通过共同的努力，提高管理效率和水平。

三、城市规划与城市建筑管理的关系

（一）城市规划是建筑管理的依据

每座城市都有很多的设施所组成，道路、建筑、绿化等都是基本组成形式，其构成了一个整体，还要很多的公共型建筑，必然工程、仓库、学校、医院等等，如果规划设计不合理，必然导致这些建筑形式无法和谐共处，会杂乱的布置在城市的各个角落。城市规划主要体现的是建筑意识形态，其可以将建筑管理变成非常实质的形态。因此，建筑管理是确保城市规划正常实施的关键，也就是说城市规划是所有城市建筑设计和管理的基础，在城市规划的影响之下，建筑管理应该明确各项管理的基本原则，根据设计规划来进行，各个单位审批后应该进行建设施工，并且在短时间进行有计划的实施。社会主义城市的规划建设为广大的无产阶级提供服务，为全国的劳动人民进行建设。

（二）建筑管理是实现规划的综合管理

城市的建设质量主要体现的是城市建设和管理的综合水平，如果建筑管理没有真正的执行，也就导致了社会主义新型城市无法实现。城市建设质量与建筑管理也存在直接的关系,也是我国的建筑管理部门的首要职责。

四、促进城市规划与建筑管理发展的措施

(一)充分认识城市发展规划

城市规划设计不应该仅一步就完成,应该影响整个实施是过程。城市规划发展的过程中,型式非常多,综合化特点也比较明显,规划的方法也逐渐的扩大,而过去的时间内我们只关注建筑的形态,现代化的城市发展规划已经逐渐的重视综合设计所带来的影响。城市的整体规划中,要充分的考虑到城市内部的交通布局、功能设置等等,同时还要考虑到城市建筑的外形尺寸、比例、材料、颜色等等。我们必须要认识到,城市规划的最基本的要求就是要将这些不同的建筑形式进行结合,从而形成一个统一的整体,而建筑只是作为其中的一部分。城市整体规划不仅仅应该考虑建筑的本身,还要将其与其他的结构达成一定的联系。城市发展与城市规划是分不开的。从我国的具体情况来看,批准了某个城市规划设计方案之后,只要需要十年的时间才能完成,所以要选择科学的设计方案,合理的布局各个结构。

(二)城市规划和建筑设计的和谐统一

城市规划可以将城市内部的所有建筑形式联系起来,并且形成一个整体,以生态、可持续的发展定义城市的未来发展方向。建筑是城市组成的基本元素,必须要体现出城市发展的具体内容,还可以形成一个点、面的关系。科学化的规划设计方案,就像是一个城市完美的乐章,为城市赋予了新的生命。同时建筑的发展也离不开城市环境的体现,应该服从于城市规划设计方案。不管了整个建筑设计的群体结构,都要考虑到其对于整个城市环境的影响意义,要与城市发展规划一致。

(三)加强建筑的综合管理

城市发展的水平该地,与城市规划设计方案以及城市管理等等都存在必然联系。如果城市建筑管理无法顺利进行,那么整个城市的构造建设就毫无意义。城市建设指挥与建筑管理的水平存在必然联系。建筑综合管理会直接关系着整个城市的环境、交通、绿化等等部门,相互作用、相互影响。在进行城市综合治理的过程中,要全面的开展城市规划、定型测量、建筑管理等等多个方面的工作,从而提高城市整体规划水平。

另外,在进行建筑综合管理的过程中,还会存在很多的矛盾和问题,比如长期和近期、地面建筑和地下管线等等问题,还有居民建筑和交通设施的布置等等,这些

城市基本组成部分的和谐共处是非常关键的，也是整个城市规划中必须要考虑的问题。要想采取措施来全面的处理这些存在的问题，就要在规划设计方案的时候应该采取科学的方式来进行，以城市规划设计方案为根本，用科学的设计、规划方案来实现整个城市设计目标，达到全面的和谐和统一。

目前城市规划设计对于城市发展影响比较大，在城市规划实施的过程中需要加强建筑管理，将这些都进行有机的结合，确保城市的各个组成部分都能够和谐共处，建立完美的城市形象。因此，在城市规划设计的过程中要树立科学的设计理念，将建筑管理这项综合性的工作顺利进行下去，并且做到细致管理，达到人与自然的和谐共处，从而走向了生态发展之路。

第六节　建筑管理项目控制

项目管理作为建筑工程红的十分重要的组成部分，基于建筑管理项目现状，可以看出要想确保管理工程顺利的开展存在很大的难度，必须制定出行之有效的管理方式。基于此，本节主要从控制项目进度、成本、质量三方面进行分析，提出具有科学性的管理项目方式，以此来实现解决建设中存在的严重浪费、投资失控、质量失控等相关问题，有助于国民经济更加稳定的发展。

建筑企业要想生存与发展，必须着重管理工程项目，只有这样才能顺应社会的高速发展。而在实际的管理当中，加以控制工程项目非常重要。现今因为施工中缺乏完善的管理方式，导致很多浪费现象的发生：例如，材料浪费、投资浪费、延误工期可浪费等，要想彻底解决施工存在的可浪费现象，促使建筑企业稳定的发展，应该积极的发挥控制项目的作用，利用对项目的加强控制，能够及时挽救施工中存在的问题，实现对整个建筑工程项目的控制。

一、控制工程项目的进度

基于项目的进度而言，主管项目的部门就是督促承建单位，在具体的开工之前，必须依据合同中的相关要求，对整体工程的进度计划进行合理的安排，并详细的检查其的合理性。在施工时，承建单位应该按照季、月的要求合理的安排实施规划并且细致的检验具体的执行情况，同时还要着重施工原材料、设施、施工人员的具体情况，妥善的掌握其的发展动态，如若任意一项环节出现脱节状况的过程中，除了人员可以通过参加例会加以说明以外，还应该向承办单位的计划部与上级计划部及时的提出，以便于采用的补救措施。

(一)控制项目进度的根据以及内容

控制项目依据唯一的根据就是计划文件,应该通过制定工程进度表和工程控制图表;其次,通过分析报告期统计的方式,或是调度会议,现场调度的形式,获得计划完成状况的多种因素。控制项目进度既能突显某个计划指标,并且能更加全面的考虑到各项指标。但凡是计划指标规范的内容,都属于进度控制的内容。

(二)控制进度的具体方式

如果计划的指标可行,但是计划条件难以落实的时候,可尽量创造出相应的条件;如果计划按照外部环境、条件出现变换时,可对原计划当中不适应的环境和难以达成理想效果的部分加以修正;如有潜力,可以将计划指标加以调整,强化调度,重新组织平衡。综合平衡属于静态平衡,而在调度执行计划的过程中,就是逐渐构成新平衡,在动态当中谋求平衡,就是有效的控制计划执行情况的重点环节。在国外的项目管理中,项目经理最得力的助手就是计划工程师,其具备充足的实践经验和管理计划的相关经验,同时也作为主要管控项目进度的人员。计划工程师不仅要编制项目进度计划与编写各时期的项目的进度报告以外,还要肩负起监督进度、指导进度的相关工作。将项目进度计划的问题分析完成后,进而研究各种不同的影响因素,针对问题提出适当的解决方案与建议。

二、控制项目的质量

为确保达到合同上的质量需求、标准必须采取相应的防治措施。建筑工程的质量既关系到施工质量,并且关系到勘测、设计质量、材料、设备、项目投入使用整个过程的质量。所以,控制项目的质量主要是由建设全过程不同阶段的质量构成的整体概念。建设单位、设计单位、施工单位都有控制项目质量方面的任务。

建设单位在具体设计阶段应该着重监督项目中所使用的标准、规范、工艺、设备,并且加以监控设计全过程的质量;依据检验图纸、规范、合同文件;工程项目在竣工阶段,应该全面的对整个项目实施质量的验收,并编写竣工的报告,签发相应的竣工凭证。

关于设计单位应按照项目总目标的相关需要细致的组织勘察计划;对设计方案的要求就是技术必须要先进,经济合理,具有较强的可行性;并且尽可能的草去新型的技术、材料、工艺、设备。

施工单位在承包项目前,应明确质量的专业标准;加以掌控施工原材料,成品加工,购进设备的质量;严格把关各道工序的质量;完善现场质量登记的制度;加以控制影响工程质量的因素；贯彻落实检查工程质量与验收工作。

三、控制项目的成本

（一）控制依据以及任务

所采取的控制项目的成本必须完全符合党的政策、方针、国家法令、计划规定；依据成本的计划，将定额作为控制成本的标准。控制任务具体有编制费用方案；审核费用支出；监督支出的费用；分析降低支出费用的有效方法；时刻发现、总结，推广并且节省经验。

（二）控制成本的方法

①实施管理成本的目标，按照项目的成本将成本分解计划指标，加以规范具体的生产环节、员工个人控制成本的实际标准，并依据控制成本的界限与标准，下达相应的成本指标，理清责任、真正实现纵向到底，横向到边；②采取技术的措施，包括新型的技术工艺与选取配套的施工设备，进而提高设备的使用效率；③将承建单位的内部结构加以改善，甚至建立出相应的核算项目成本的系统。

总之，加强落实建筑管理项目控制作为提高建筑企业竞争力的有效途径之一。如今的建筑管理企业，必须明确建筑管理项目控制的特征，重视建筑管理项目控制目前存在诸多问题，加强提高控制施工进度与质量的力度，为提高企业的社会效益与经济效益提供保障。

第七节　建筑管理中质量管理

社会经济快速发展，人们生活水平不断提高的同时，建筑业除了赢得更多的发展机遇外，所面临的各种质量挑战也有所提升，并受到全社会的广泛关注。建筑质量关系到社会的和谐发展，建筑质量的满足，也是施工管理工作的基本要求及保证。虽然我国建筑施工企业在质量管理方面积攒了丰富的经验，然而，在实际工作开展中，仍有较多问题出现，因此我国建筑施工企业应当做到对自身管理现状的深入研究，做好质量管理策略的创建工作，从而为我国建筑企业在质量管理方面的进一步开展，提供好的意见与建议。

一、建筑施工质量管理的重要性

建筑工程的施工过程是有其独特的特点，不同于其他类型的工程，建筑工程的样式和类型种类繁多，同时又有不同大小的规模要求，而且自然环境等外力因素也会对其产生较大的影响，在施工的过程中，也经常出现多工种交叉施工和多项技术综合应用的情况,因此必须做好建筑工程的施工质量管理工作,这样才能保证顺利的完成施工工作,在满足施工质量要求的前提下也降低了工程的施工成本。

另外,建筑工程的施工质量与企业的信誉、经济效益以及能否继续生存和发展也是息息相关的,现阶段,我国建筑工程项目施工的灵魂就应是特定的技术条件以及技术设备了,而要想有效支持这些特定的技术条件和技术设备,企业就必须具备强大的技术力量和技术工作的组织水平。

建筑行业如今发展到了今天,出现了很多新工艺、新技术、新材料以及新设备,因此,工程结构的复杂程度也越来越高,功能更加的智能化了,装修技术也更加的新颖了,生产技术水平以及施工设备都得到了很大程度的升级,因此,其施工质量管理工作也就更加的重要了。

二、我国建筑工程质量管理中的问题

(一)企业质量管理体系不健全,质量控制不严格

一些企业质量管理存在漏洞,相关人员责任不落实,如工程勘察野外记录、工程验收记录等无有效签字,不按施工技术方案对质量缺陷进行处理等;勘察设计深度不足,甚至违反强制性标准要求,如勘察钻孔数量少,钻孔深度达不到要求,设计计算书存在缺漏项,荷载及配筋取值不足等;施工质量通病仍比较普遍,不少工程混凝土有胀模、烂根、夹渣、裂缝现象;少数工程混凝土回弹强度不达标,甚至不按设计图纸施工,存在质量安全隐患。

(二)从业人员技术水平欠缺,技术力量不足

部分地区特别是偏远地区监理工程师等注册执业人员严重不足,超资格范围执业情况仍较普遍;部分技术人员水平偏低,对标准规范理解不准、掌握不深、经验不足;一线操作工人缺乏有效培训,缺乏基本的质量安全常识,职业素质较低。

三、建筑质量管理措施探析

(一)加强质量管理人员综合素质培养

建筑工程质量管理人员主要分为两部分,一部分是领导层,另一部分是普通员工。首先,对于领导层进行培训。领导层的质量管理理念以及思维对于施工企业质量管理以及效益有着重要的作用,通过对这些施工企业领导层进行相应的培训,可以使他们认识到建筑施工质量与质量成本之间的关系,逐步树立质量管理控制意

识，从而促进施工企业质量管理的顺利开展。其次，对于施工企业普通员工，应该努力让他们认识到质量管理对于施工企业发展的重要性，认识清楚质量管理的复杂性。另外，针对施工企业自身的实际，以及各部门的实际需求进行培训，从而增强施工企业质量管理人员的综合素质。

（二）加强企业质量管理先进文化建设

文化是一种潜在的生产力，从一定程度上讲，文化决定着企业员工工作的科学性以及有效性，也是衡量员工工作的重要指标。为此，企业有关部门应该注重对于员工质量管理文化知识的学习与灌输，加强员工职业道德以及社会公德培养，增强员工质量管理专业能力，提高员工质量管理工作科学性以及有效性。企业有关部门要自觉地将企业质量管理文化的要求融入到企业生产管理之中，形成企业独特的文化内涵，树立不一样的企业文化形象，引导广大员工形成正确的价值观。企业有关工作人员应该帮助企业打造特色鲜明的企业质量管理文化，形成企业的独特的管理风格，使得企业质量管理文化被全体员工认可和接受，使得企业全体员工形成同样的价值观念，并且在日常工作中认真遵守企业规划，使企业全体员工形成一种质量管理向心力和凝聚力。

（三）做好施工现场的质量管理

在实际的建筑施工过程中，建筑施工质量是受很多因素的影响的，包括基本的技术、施工人员、环境以及材料等各方面的因素，为此，要想加强对于施工现场的质量管理，主要可以从以下几个方面入手。第一，签订指令性文件，换句话说也就是以书面的形式向承包方提供施工任务，针对在实际的施工过程中出现的问题提出相应的解决策略，确定施工过程中各方的责任。第二，加强对于建筑施工的监督，对建筑施工进行监督，其目的是为了处理实际的施工过程中出现的变更，以及出现的施工事故，对于存在的质量问题给与及时解决，同时对予处理结果进行上报。第三，做好施工验收工作，换句话说，也就是通过实验的方式，对工序正出现的材料性能进行相应的测验，合理的处理材料性能以及抗压、抗拉、抗弯的性能，借助这些实际的材料问题进行合理搭配，从而促进建筑施工顺利开展。

综上所述，随着我国建筑行业发展脚步的不断加快，质量管理工作必然会得到企业的高度重视。管理人员如果想要从根本上提高建筑工程的整体质量，就必须对能够影响建筑施工质量的因素进行全面系统的掌握，从而结合质量管理的根本目标，采取科学合理的质量管理措施，以此来从根本上提高建筑工程的整体质量，促进建筑行业健康、稳定的发展。

第二章 建筑项目管理

第一节 建筑项目管理现状

近年来,城乡建设发展速度不断提高,城乡居民生活水平与生活质量也得到了质的飞跃。作为人们赖以生存的主要场所,建筑行业迎来了发展机遇和挑战,机遇在于人们对建筑的需求不断增多,挑战在于人们对建筑质量的要求不断提高。建筑企业如何在此背景下得以快速发展,需加强建筑工程管理,保证工程施工安全,以此提高市场竞争力,最终建造出满足广大群众需求的建筑工程。

一、当前我国建筑工程管理中存在的问题

（一）施工管理工作落后

建筑工业属于劳动密集型产业,需要的劳动人员也较多,往往其自身的专业技能及应变能力会直接影响工程项目的施工,建筑工程施工人员与监理人员管理的不规范也是潜在隐患,导致施工单位和工程监理单位在分工方面存在不合理之处,更使得工作人员职责混乱且权责划分不清晰,更甚至施工单位投标文件承诺不能落实到实际操作中。另外,设备数量及机械化程度也会对工程项目的建设质量与效率带来直接影响,现场的机械化程度不高、机械老化、运行不佳,没有创新技术作为支撑,容易导致生产效率低下,许多施工企业为了追求最大利润而偷工减料,管理人员缺乏创新精神也导致施工过程的管理处于较低水平。

（二）安全责任意识相对薄弱

一方面,许多建筑工程的施工方或是承包方对于管理人员的安排和分工根本不重视,没有综合考虑到管理工作人员岗前培训的积极作用,直观表现为其管理人员素质偏低,难与相关规定要求相吻合,自身的管理职责也难以履行,随之而来的是建筑工程危险系数升高。另一方面,当今的建筑施工企业并没有制定科学合理的人员管理制度,人员管理机制不成熟、各部门间的配合不协调等情况出现,而且制定工期方面表现在不够重视工程的总体规划,在遇到工程项目是新结构形式的,也只凭主

观臆断来制定措施,导致措施不得当。

（三）法规条例落后，管理机制有待完善

首先，建筑工程项目没有与相关法律法规和条例要求相吻合,实际执行的管理方法、管理模式与管理思想很难实现与时俱进,专业性和科学性严重缺失,对工程管理的约束性较差,没能形成良好的管理机制；其次,当前的建筑企业采购方式是大批量的集中采购,建设单位和供应商没有建立起长期稳定的合作关系,采购方式也较僵硬,缺乏灵活性,对零星材料的频繁采购也会增加工程采购成本；再者,企业内部未足够重视工程控制,经常在结束任务后才检查,没有统计分析及量化计算,更未充分重视事前和事中控制。

二、结合现状对于我国的建筑工程管理展开优化

（一）重视建筑工程的综合性目标

在工程的建设过程中,对于工程的综合性的目标需要给予关注,在综合性目标的指引下,建筑工程的管理将会突破局限性,形成立体的发展模式。具体来说,在建筑的过程中,建筑管理人员需要秉持着明确的建设目标,对于工程的功能以及建成之后的效果进行关注。建筑工程的建设过程中,经济利益的实现仅仅是一个较为初期的过程,在建筑的使用过程中建筑的整体利益才能够得到最大化的体现。在综合目标的制定上,需要根据工程的不同阶段对于目标的内容进行调整,结合于工程建筑的不同方面,完善建筑的整体。其中,对于工程建设的周期,需要按照平均的标准结合具体的建设条件进行关注,避免出现仅为追求经济的效益,进行提前施工、赶工的状况。这会使得工程的建设质量难以得到保障,使得工程在使用的阶段中,需要投入更多的成本对于工程进行后期的完善。在材料的控制以及技术的选择上,需要根据工程的经济能力进行最优化的选择,将工程质量的提升作为管理的重点。建筑工程管理的压力比较大,涉及到的内容和要素相对而言也比较多,对于人员数量的要求同样也比较大,如此也就需要在了解这一需求的基础上,有效安排较为充足的管理人员。

（二）提升管理的规范程度

工程管理的规范需要从管理的条例制定以及具体的管理行为,两个方面进行关注。在工程的建设中,管理的条例制定需要根据国家的相关标准,结合行业中的共同准则进行制定,为了确保工程建设的各个方面的协调发展,需要从国家管理准则的

研究、行业共同标准的学习以及工程建设中特殊的情况与内容进行关注。在管理的框架制定上，需要根据以上的三种因素进行思考，将其中的各个方面因素进行综合以及协调。在管理工作的实施过程中，需要关注工作的力度，对于各个方面的工作也需要给予不同关注点。例如，在材料以及采购的管理上，需要经常进行市场信息的交换，对于材料的应用以及应用中存在的问题多方面的关注，及时的从管理的层面对于材料的应用展开关注。此外，在人员的约束过程中，需要关注管理人员自身行为的规范性，根据管理的原则以及管理工作中的具体情况，及时的对于心态、行为等进行积极的调整。

（三）积极的进行管理以及宣传的工作

在管理宣传的过程中，管理人员需要结合施工人员以及其他各方面人员的具体情况进行宣传。施工人员的文化素养较为有限，因此在施工开始之前，工程的管理人员就需要对于施工人员的安全意识、敬业意识等各方面涉及到管理的因素进行关注。在管理的具体过程中，管理人员与施工人员之间需要进行密切相互沟通，可以采取阶段式开展管理宣传课程的方式，对于人员的意识提升进行关注。值得管理人员进行注意的是，管理宣传的课程并非是仅仅应用于宣传管理理念以及管理的规则。在宣传的课程中，还需要关注各个方面人员的协调等，应用管理的课程使得各个方面的人员之间能够达成沟通与交流。因此宣传课程，也有一定交流平台的作用，管理人员可以在其中进行意见的收集，应用不同的意见对于工作进行调整。

（四）提升管理人员的素质

管理人员素质的提升需要采取两种具体的方式，其一，在管理的过程中将目前管理人员的综合素质进行提升，针对具有不同背景的人员，需要采取不同的措施，通过针对性的训练、知识的培养等提升其能力。其次，在整体上促进人员结构的调整，目前的高校中工程建筑管理的相关专业每年有大量的毕业人员，工程单位需要结合人员的个人素质以及综合的知识能力，进行择优录用。由于这部分出身于科班的管理人员具有完整的知识结构以及知识的系统，在人员的应用中需要进行多个方面的应用，管理的具体细节工作、管理的相关宣传工作，都需要这部分人员的参与，在此过程中，根据人员的工作成果以及工作的能力进行及时的提拔。在建筑工程管理工作落实中，为了更好提升管理价值，从管理人员入手进行完善优化同样也是比较重要的一环，其需要综合提升管理人员的素质和能力，确保其具备较强的胜任能力，有效提升建筑工程施工管理水平，减少自身失误。在建筑工程管理人员培训工中，需要首先加强对于职业道德的教育，确保其明确自身管理工作的必要性和重要价值，如此也就能够更好实现对于建筑工程管理工作的高效认真落实，避免履行不彻底现象。从建筑工程管理技能层面进行培训指导也是比较重要的一点，其需要确保相应施工管理人员能够熟练掌握最新管理技能，创新管理理念，在降低自身管理压力的同时，将建筑工程管理任务落实到位。

综上，建筑工程管理是建筑施工企业健康发展的基础，只有切实做好建筑工程管理工作，才能保证建筑工程效益的可持续增长。然而就目前建筑工程管理现状不容乐观，因此需要相关人员引起高度重视，并从法律体系的完善、进度管理等几个方面入手，做好建筑工程管理工作，促进建筑企业的进一步发展。

第二节 影响建筑项目管理的因素

对建筑项目而言，建筑项目管理在整个建筑项目中起着举足轻重的作用。建设工程项目管理应坚持安全质量第一的原则，以合同管理作为规范化管理的手段，以成本管理作为管理的起点，以经济以及社会利益作为管理的最终目标，进而全方位地提高建筑项目的施工水平。

建筑项目管理是建筑企业进行全方位管理的重中之重。完善建筑项目管理工作，能够保障建筑工程项目更加顺利地进行，使企业的经济效益得到最大的保障，实现企业效益的增长。

一、工程项目管理的特点

（一）权力与责任分工明确

在进行建筑项目管理时，管理任务主要分为权力与责任两部分。将建筑工程项目整体中各个阶段的责任与义务，通过规范化合同来进行分配明确项目各个阶段的责任与义务。而且还需要在具体的工程项目施工过程中对其进行严格的监督与管理。为了能够更好的达到项目管理的目标，在进行相关的建筑项目管理工作时，还需要明确相关管理工作人员的权力与责任，使其对于自己的权力与责任分配有一个清晰的了解，能够更好地进行项目管理工作。

（二）信息的全面性

建筑项目管理涉及到建筑工程的全过程，所以在进行项目管理时涉及到的管理内容复杂而且繁多。因此，必须从全方位的角度去了解整个施工过程，避免信息的遗失和缺漏。

（三）明确质量以及功能标准

在进行建筑项目管理时，需要对建筑工程的质量以及功能标准具有明确的规定，使得建筑工程项目在规定的标准以及范围内及时地完成。

二、工程项目管理的影响因素

（一）工程造价因素

建筑工程的造价管理是建筑项目管理中的重要环节。建筑工程的成本的管理与控制对整个建筑工程的直接收益具有重要影响。现如今，有些施工企业对施工过程时所需要采购的原材料以及其他的资源都没有进行合理的造价控制，使得整个建筑工程的成本投入以及成本的利用效率大大降低，而且还会出现资金的利用超出成本范围的情况。这些情况对于建筑工程企业的整体经济效益的影响是非常巨大的。且目前市场上某些造价管理人员综合技术水平不高，也就不能有效地控制整个项目的综合成本。

（二）工程进度控制因素

为保证建筑工程项目及时完工，建筑工程进度控制非常重要。但并不是所有的建筑施工企业对工程进度的控制都非常重视，在某些企业当中对于工程进度的控制缺乏科学的管理，使得整个工程项目的正常进度都受到影响，不能够按时完工。建筑工程施工的过程中，需要建筑企业的多个部门进行协同合作，如果各部门之间不能合理及科学地交流以及合作，那么整个施工过程的有序性就会产生一定的影响。另外，一定要加强对施工过程的监管力度，否则项目可能不能按时完成。

（三）工程质量因素

建设施工过程中，某些施工企业为了能节省施工成本，满足自身的利益，未对过程中所需要用到的工程材料进行严格地审核，采用一些质量不达标的材料。这些不合格的建筑工程材料对于建筑工程的质量产生危害，使得许多建筑工程项目出现返工。除此之外，若对项目中出现的纰漏以及谋取私利的现象监管不力，工程质量管理工作就得不到应有的效果。

（四）工程安全管理因素

建设工程中，安全管理有时没有得到足够的重视。许多建筑施工企业的安全管理理念不够充足，工程施工人员的安全意识不足，因而导致项目中出现很多的安全隐患，对于建筑工程施工项目管理来说产生了重要影响。

三、提高工程项目管理水平的措施

（一）加强工程成本控制

为确保成本管理工作能够正常以及高效的进行，项目管理方需制定严格的规章制度，然后结合具体的施工情况以及企业的情况来对规章制度进行有效的监督以及管理。通过对施工费用与预算的对比过程中来逐渐的提高对施工成本的利用效率，将建筑施工场地打造成节约环保以及高效的施工场地，增加建筑企业的经济效益。同时挑选经验丰富的造价管理人员对项目进行造价管理，做好造价管理人员和施工人员的对接工作，实现项目的成本可控。

（二）加强工程进度管理

在具体项目中，项目经理需要根据项目的进展情况进行详细地计划，制定项目进度计划表，压缩可以压缩的工期，并考虑合理的预留时间。这样如果面临突发问题时，可以降低项目不能按时完成的风险。同时保证施工工作人员的自身素质以及工作水平，使之适应于社会的发展。同时，在项目进行过程中，业主需要根据合同约定按时支付进度款，以保证施工工作人员的积极性，使项目按时按量地完成。

（三）加强工程质量以及安全管理

建筑工程质量是建筑工程项目的重要考察目标之一，保证建筑工程的建筑质量，对于建筑企业的品牌效应以及企业未来的发展具有重要的作用。所以我们要在建筑施工过程当中通过对建筑工程施工过程的管理以及建筑施工材料等等的管理与控制来达到对建筑工程质量的控制。除此之外，可以通过开展每周一次的安全督查讲座，促进建筑施工过程中的安全管理，使建筑施工能够达到无风险施工。加强建筑工程的质量以及建筑工程安全管理对于建筑工程项目的管理都具有重要作用，能够增强建筑项目管理的效率以及提高建筑企业的口碑。

（四）实行项目管理责任制度

在进行建筑项目管理时，因为建筑工程项目所涉及到的细小的项目工程非常多，所以在进行管理工作时，一定要加强项目管理责任制和项目成本监管的落实力度，确保其能够在项目管理的过程中起到实际的作用。

对于复杂且时间紧迫的工程项目，可采用强矩阵式的项目管理组织结构，由项目经理一人负责项目的管理工作,企业各职能部门作后台技术支撑,充分高效地利用人力资源。根据不同的项目特征,采取不同的项目管理组织结构。

(五) 加强管理人员监督机制

需加强项目管理工作人员的监管力度,并建立起完善的奖惩机制,使项目各部门工作人员能够按照项目管理的规章制度完成各项工作。

(六) 加强工程项目的信息管理

通过一些信息管理软件(例如P3、BIM)对整个项目流程进行可视化管理。

建立信息共享平台,可以通过信息共享平台进行招投标管理、合同管理、成本控制、设计管理等等。根据项目的规模,可选择是否选用BIM对整个项目进行建模,常规的二维设计图纸更多地可以清晰反映项目的平面建设情况,但若对整个建设项目进行BIM建模,通过碰撞检查对项目进行纵向沟通,确保了设计和安装的精准性,减少不必要的返工。

综上所述,项目管理人员可以从质量、进度、成本、安全、信息各方面把控整个建筑工程的项目进程。建筑企业可以制作一套详细的可操作性强的指导手册,以便查阅和自检。

随着建筑市场的不断发展,建筑企业之间的竞争压力越来越大,所以为了能够在激烈的建筑市场当中取得一席之地,建筑企业需要对自身的各项工作进行仔细地分析以及探索。增强建筑项目的项目管理对于建筑企业来说是一项非常重要的工作,能够使其在激烈的竞争环境当中保持自身的竞争优势,使企业能够快速稳步发展。

第三节　建筑项目管理质量控制

质量控制一直是建筑项目管理中的一个重要内容,同时也是保障整个工程施工质量的关键环节之一。为了使质量控制工作能够更好的发挥效用,笔者从发现问题与找出对策为目标,从以下几个部分着手进行了建筑项目管理质量控制分析。

当前,在我国建筑项目管理质量控制有关部门和相关企业的共同努力下,已经形成了集"事前准备"、"事中管控"、"事后检查"于一体的建筑项目管理质量控制的理论体系。这为建筑项目管理质量控制工作的展开提供了可靠的参照标准。那么,这一体系具体都包括哪些内容呢?笔者将首先对此进行简要的概括说明。

一、建筑项目管理质量控制的工作体系

通过查阅相关资料并结合实际情况可知，建筑项目管理质量控制的理论体系主要包含三个方面的内容。第一，事前准备，即建筑工程项目施工准备阶段的质量管控。该部分主要由技术准备（如工程项目的设计理念与图纸准备、专业的施工技术准备等）和物质准备（如原材料及其他配件质量把关等）两个层面的质量控制要素。这种事前的、专业的质量控制，能够很好的保证建筑工程项目施工所需技术及物质的及时到位，为后续现场施工作业的顺利进行奠定基础。第二，事中控制，即施工作业阶段的质量控制。施工阶段，需要技术工人先进行技术交底，然后根据工程施工质量的要求对施工作业对象进行实时的测量、计量，以从数据上进行工程质量的控制。此外，还需要相关人员对施工的工序进行科学严格的监督与控制。通过建筑工程项目施工期间各项工作的落实，不仅有利于更好的保障工程项目的质量，同时也有利于施工进度的正常推进。第三，事后检查，即采用实测法、目测法和实验法，对已完工工程项目进行质量检查，并对工程项目的相关技术文件、工程报告、现场质检记录表进行严格的查阅与核实，一切确认无误后，该项目才能够成功验收。通过上述内容不难发现，建筑项目管理质量控制贯穿于整个工程项目管理的始终，质量控制的内容多而细致，且环环相扣，缺一不可。

二、建筑项目管理质量控制的常见问题

（一）市场大环境问题

当前，建筑工程行业基层施工作业人员能力素养水平参差不齐是影响建筑项目管理质量控制出现问题的一个重要原因。基层施工作业群体数目庞大且分散，因此，本身就存在管理难的问题。加之缺少与专业质量控制人员面对面，一对一的有效沟通机会，且培训成本大，施工人员不愿担负培训费用，因此，无法很好的通过组织学习来帮助其提升自我。这种市场大环境中存在的现实问题，是质量控制人员根本无法凭借一己之力去改变的。概括来说，建筑项目管理质量控制。

（二）单位协同性问题

质量控制工作有时是需要几个不同的部门通过分工协作来完成的。在建筑工程行业，许多项目都是外包制的，而外包单位的部分具体施工作业环节，质量控制人员无法很好的参与进去，因此质量控制工作存在着一定难度。且一旦其他协作部门中间工作未能良好衔接或某个部门履职不到位便会出现工程质量问题。

（三）责任人意识不强

随着我国教育条件的不断完善，国民的受教育水平也不断提高，这为建筑项目管理质量控制领域提供了许多专业的高素质人才。所以从总体上来看，大多数质量控制人员无论在专业能力上，还是在责任意识强都是比较强的。尽管如此，个别人员责任意识弱、不能严守岗位职责的不良现象仍然存在，致使建筑工程项目存在质量隐患。

三、建筑项目管理质量控制的策略分析

（一）借助市场环境优势，鼓励施工人员提升自我

市场大环境给建筑项目管理质量控制的不利影响在短时间内是无法完全规避的，因此，我们要借助市场本身优势，尽可能的扬长避短。优胜劣汰是市场运行的自然法则，要想拿到高水平的薪资，就必须要有相应水平的实力，且市场中竞争者众多，若止步不前，终将被市场所淘汰。基于此，建筑项目管理质量控制部门可以适度提高对施工队伍及个人专业素养的要求，设置相应的门槛，但也要匹配以相应的薪资，从而鼓励施工人员为适应工程要求而进行自主的学习与技能提升。这样，既可以解决施工人员培训问题，也可以为建筑工程项目质量控制提供便利。

（二）明确划分责任范围，推进质量控制责任落实

在多部门共同负责建筑项目管理质量控制工作的情况下，可以尝试从以下几点着手。首先，各部门至少要派一人参与关于建筑工程项目质量标准的研讨会议，明确项目质量控制的总体目标及其他要求。其次，要对各部门的质量控制职责范围进行明确的划分，并形成书面文件，为相关质量控制工作的展开与后续可能出现的责任问题的解决提供统一的参照依据。最后，可以根据建筑项目管理质量控制体系，将每个环节的质量控制责任落实到具体负责人。通过明确划分责任范围来推进质量控制责任的落实。

（三）优化奖励惩处机制，加强质量控制人员管理

建筑项目管理质量控制是一项复杂、艰辛的工作，因此，对于质量控制中付出多、贡献多的人员要给予相应的奖励与支持，以表达对质量控制人员工作的认可，使其能够更好的坚守职责，鼓励其将质量控制的成功经验传授下去，为质量控制效果的进一步提升做好铺垫。对于质量控制中个别工作态度较差、责任意识薄弱的人员，要及时指出其不足，并给予纠正和相应的惩处，以正建筑项目管理质量控制的工作风

气，为工程质量创造良好的环境。

现阶段，虽然我国已经形成了比较完整的建筑项目管理质量控制体系，但由于受到建筑工程管理项目要素内容多样、作业工序复杂、涉及人员广泛等现实条件的影响，该体系的落实往往存在一定的难度，使得建筑项目管理质量控制存在着许多的问题，这给整个建筑工程项目的顺利高效进行造成了阻碍。基于此，笔者从市场环境、部门协调、人员奖惩三个方面提出了关于清除上述阻碍的建议。希望能够通过更多同业质量控制人员的不断交流与探究，可以让建筑项目管理质量控制更加高效，可以让工程项目质量得到保证。

第四节 建筑项目管理的创新机制

建筑施工企业从建筑工程项目的开始筹备到实地施工需要根据自身的企业发展战略和企业内外条件制定相应的工程项目施工组织规范，需要进行项目工程的动态化管理，并且要根据现行的企业生产标准进行项目管理机制的优化、创新。从而实现工程项目的合同目标的完成，企业工程效益的提升与社会效益的最大化体现。本节将简要分析建筑项目管理创新机制，阐述项目管理的创新原则和方案，以供建筑业同仁参考交流。

建筑工程施工现场是施工企业的进行生产作业的主战场，对项目管理进行优化、创新不仅可以保证建筑工程项目如期或加快完成，还可以提高施工企业管理人员的管理水平，提高施工企业的经济效益，更加可以提升施工企业的企业形象。传统的工程项目管理机制已经不能满足业主方的施工要求，管理人员冗余、施工机械设备资源配置过剩或不足、生产工人素质和专业水平较低现象十分明显。针对这种情况，作为施工企业的相关管理人员我们必须对工程项目管理提出更加严苛的要求，加快项目管理的优化创新工作，从而对施工管理体制进行深化改革。

一、更新管理观念，转换管控制度

传统的建筑项目管理制度一般是"各做各的活，各负各的责"，施工企业工程项目部分为预算科、管理科、技术科、资料科、实验科，极大科室对于项目管理各尽所能，只管好自己的一方土地，不操心项目管理的整体布局，这样管理的结果就是管控人员的资源浪费、管理效果极低、管理场面十分混乱。针对这种情况，我们应该及时更新管理观念，转换项目管控制度，设立建筑工程市场合同部、工程技术部、施工管理部。让三个部门整体管辖整个施工过程，分工明确也需要工作配合，从而达到项目管理的现场施工进步、技术、质量、安全、资源配置、成本控制的全面协调可控发展。改变以往的"管干不管算、管算不管干"的项目管理旧局面，提高施工企业的经济效益和施工水平。

二、实行项目管理责任个人承担

整体的建筑工程分项、单项工程较多，在项目管理方面施工管理难度较大。施工企业项目管理人员通常存在几个人管理一个项目、一个人管理几个工程单项项目的现象，等到工程出现质量问题或者施工操作问题时，责任划分不明确，没有人主动站出来承担这个项目的问题责任。造成这种现象的原因是管理制度的缺失，所以，积极推行项目管理责任个人承担制度，对项目管理实施明确的责任划分，逐渐完善工程项目施工企业内部市场机制、用人机制、责任机制、督导机制、服务机制，通过项目经理的全面把控，保障工程项目管理工作的有效开展。

三、建立健全"竞、激、约、监"四大管理机制

工程项目管理部门在外部人员看来是一个整体，在内部我们也需要制定一套完善的竞争、激励、约束和监督制度，进行内部人员的有效管理，打造一支一流的项目工程管理队伍。完成管理队伍建设的目标，我们首先要建立内部竞争机制，实行竞争上岗，通过"公平、公正。公开"的竞争原则不断引入优秀的管理人才，完善和提高管理水平；第二要建立人员约束制度，"没有规矩不成方圆"，有了约束制度才能让内部人员实现高效率工作，并且与此同时还要明确项目工程管理的奖惩制度，促使相关人员严格按照技术标准和规范规程开展项目管理工作；第三需要建立监督机制，约束只是制度方面，监督才是体现管理水平的真正方式。强有力的监督机制对于人员工作效率和机械使用效率有着质的提高，并且监督工作的开展可以确保人员施工符合施工要求，确保工程项目的安全、顺利、如期完成。

四、加强工程项目成本和质量管理力度

建筑项目管理的核心工作是工程成本管理，这是施工企业经济效益的保障所在。所以，作为施工企业我们在进行项目管理工作的优化创新时，需要建立健全成本管理的责任体系和运行机制，通过对施工合同的拆分和调整进行项目成本管理的综合把控，从而确定内部核算单价，提出项目成本管理指导计划，对项目成本进行动态把控，对作业层运行成本进行管理指导和监督。并且，项目经理和项目总工以及预算人员需要编制施工成本预算计划，确定项目目标成本并如是执行，还需要监督成本执

行情况,进行项目成本的总体把控。

项目质量管理方面,作为施工企业我们应该加强对施工人员的工程质量重要性教育,强化全员质量意识。建立健全质量管理奖罚制度,从意识和实操两方面保证项目工程施工质量管理工作的切实开展。为了确保项目质量的如实检测,我们需要提高项目部质检员的责任意识和荣誉意识,建立健全施工档案机制,落实国家要求的质量终身责任制。

五、提高建筑工程项目安全、环保、文明施工意识

作为施工企业,我们应该始终把"安全第一"作为项目管理的基础方针,坚实完成"零事故"项目建设目标,提高管理人员和施工人员的安全施工意识,并且要响应国家的绿色施工、环保施工的要求,积极落实工程项目文明施工的施工制度,打造出一个安全、环保、文明的工程建筑工程施工现场。

总的来说,积极推行建筑项目管理的创新机制,在确保施工企业经济效益不断提升的同时,贯彻落实国家对建筑工程施工企业的发展要求,积极打造文明工地、环保工地、安全工地,为建筑方提供高质量、无污染的绿色建筑工程。

第五节 建筑项目管理目标控制

建筑项目管理计划方案,对项目管理目标控制理论的科学合理应用至关重要。当前,我国建筑项目管理方面存在相应的不足与问题,对建筑整体质量产生不利影响,同时对建设与施工企业经济效益产生影响。因此,本节通过对建筑工工程项目管理目标控制做出分析研究,旨在可以推动项目管理应用整体水平稳定良好发展提升。

随着国家综合实力以及人们生活质量的快速提升,社会发展对建筑行业领域有了更为严格的标准,特别是关于建筑项目管理目标控制方面。现阶段,我国建筑企业关于项目管理体制以及具体运转阶段依然有着相应的不足和问题,对建筑整体质量以及企业社会与经济效益产生相应的负面影响。若想使存在的不足和问题得到有效解决,企业务必重视对目标控制理论的科学合理运用,对项目具体实施动态做出实时客观反映,切实增强工作效率。

一、建筑项目管理内涵

针对建筑项目管理,其同企业项目管理存在十分显著的区别和差异。第一,建筑工程项目大部分均不完备,合同链层次相对较为繁琐复杂,同时项目管理大部分均

为委托代理。第二，同企业管理进行对比，建筑项目管理相对更加繁琐复杂，因为建筑工程存在相应的施工难度，参与管理部门类型不但较多且十分繁杂，实施管理阶段有着相应的不稳定性，大部分机构位于项目仅为一次性参与，致使工程项目管理难度得到相应的增加。第三，因为建筑项目存在复杂性以及前瞻性的特点，致使项目管理具备相应的创造性，管理阶段需结合不同部门与学科的技术，使项目管理更加具有挑战性。

二、项目管理目标控制内容分析

（一）进度控制

工程项目开展之前，应提前制定科学系统的工作计划，对进度做出有效控制。进度规划需要体现出经济、科学、高效，通过施工阶段对方案做出严格的实时监测，以此实现科学系统规划。进度控制并非一成不变，因为施工计划实时阶段，会受到各类不稳定因素产生的影响，以至于出现搁置的情况。所以，管理部门应对各个施工部门之间做出有效协调，工程项目务必基于具体情况做出科学合理调整，方可确保工程进度可以如期完成。

（二）成本规划

项目施工建设之前，规划部门需要对项目综合预期成本予以科学分析哦安短，涵盖进度、工期与材料与设备等施工准备工作。不过具体施工建设阶段，因为现场区域存在的材料使用与安全问题等不可控因素产生的影响，致使项目周期相应的增加，具体运作所需成本势必同预期存在相应的偏差。除此之外，关于成本控制工作方面，在施工阶段同样会产生相应的变化，因此需重视对成本工作的科学系统控制。首先，应该对项目可行性做出科学深入分析研究；其次，应该对做出基础设计以及构想；最后，应该对产品施工图纸的准确计算与科学设计。

（三）安全性、质量提升

工程项目施工存在的安全问题，对工程项目的顺利开展有着十分关键的影响与作用。因为项目建设周期相对较长，施工难度相对较大，技术相对较为复杂等众多因素产生的影响，建筑工程存在的风险性随之相应的增加。基于此，工程项目施工建设阶段，务必重视确保良好的安全性，项目负责单位务必重视对施工人员采取必要的安全教育培训，定期组织全体人员开展相应的安全注意事项以及模拟演练，还需重视度对脚手架施工与混凝土施工等方面的重点安全检查，确保人员人身安全的同时，提高施工整体质量。此外，对施工材料同样应采取严格的质量管理以及科学检测，按照施工材料与设备方面的有关规范，对材料质量标准作出科学严格控制，避免由于施工材料质量方面的问题对项目整体质量产生不利影响。

三、项目管理目标控制实施策略分析

（一）提高项目经理管理力度

建筑项目管理目标控制阶段，有关部门需重视对项目经理的关键作用予以充分明确，位于项目管理体系之中，对项目经理具备的领导地位做出有效落实，对项目目标系统的关键影响与作用加以充分明确，并基于此作为设置岗位职能的关键基础依据。比如，城市综合体工程项目施工建设阶段，应通过项目经理指导全体人员开展施工建设工作，同时通过项目经理对总体目标同各个部门设计目标做出充分协同。基于工程项目的具体情况，对个人目标做出明确区分，并按照项目经理对项目作出的分析判断，对建设中的各种应用做出有效落实。在招标之前，对项目可行性做出科学系统的深入分析研究，同时完成项目基础的科学设计与合理构想。

（二）确定落实项目管理目标

因为规划项目成本需对项目可行性做出科学系统的深入分析研究，同时严格基于具体情况做出成本控制计算。工程开始进行招标直至施工建设，各个关键节点均需项目管理组织结构通过项目经理的管理与组织下，在正式开始施工建设之前，制定科学系统的项目总体计划图。通常而言，招标工作完成之后，施工企业需根据相应的施工计划，对项目施工建设阶段各个节点的施工时间做出相应的判断预测，并对施工阶段各个工序节点做出严格有效落实。施工阶段，加强对进度的严格监督管理，进度中各环节均需有效落实工作具体完成情况。若某阶段由于不可控因素产生工期出现拖延的情况，应向项目经理进行汇报。同时，管理部门与建设单位之间做出有效协调，并对进度延长时间做出推算，并对额外产生的成本做出计算。在下一阶段施工中，应保证在不对质量产生影响的基础上，合理加快施工进度，保证工程可以如期交付。施工建设阶段，项目经济需要重点关注施工进展情况，对项目管理目标做出明确，并具体工作加以有效落实。

（三）科学制定项目管理流程

科学制定项目管理流程，对项目管理目标控制实施有着十分重要的影响。首先，以目标管理过程控制原理为基础，在工程规划阶段，管理部门应事先制定管理制度、成本调控等相应的目标计划,加强工期管理以及成本维控,并对目标控制以及实现的规划加以有效落实。建筑企业对计划进行执行阶段,项目目标突发性和施工环境不稳定因素势必会对其产生相应的影响,工程竣工之后,此类因素还可能对项目目标和竣工产生相应的影响。所以,针对项目施工建设产生的问题,有关部门务必及时快速予以响应,配合建筑与施工企业对工程项目做出科学系统的分析研究,对进度进行全面核查与客观评价,对于核查的具体问题需要做出的适当调整与有效解决,尽可能降低不稳定因素对工程可靠性产生的不利影响,降低对工程目标产生的负面影响。除此之外,建筑企业同样需对有关部门开展的审核工作予以积极配合,构建科学合理的奖惩机制,对实用可行的项目管理目标控制计划方案予以一定的奖励。同时,构建系统的管理责任制度,对施工建设阶段产生的问题做出严格管理。

综上所述,近些年,随着建筑行业的稳定良好发展,关于建筑项目管理目标控制的分析研究逐渐获得众多行业管理人员的广泛学习与充分认可。针对项目管理管理,如何加强成本、项目以及工期等控制,属于存在较强系统性的课题,望通过本节的分析可以引起有关人员的关注,促使项目管理应用整体水平得以切实提升,推动建筑工程项目的稳定良好发展。

第六节 建筑项目管理的风险及对策

随着近年来我国社会经济发展水平的不断提升,建筑行业也取得了极为显著的发展,建筑工程的数量越来越多,规模也越来越大,这对于我国建筑市场的繁荣和城市化进程的推进都起到了积极的作用,但是在不断发展的同时,自然也面临着一些问题,就建筑工程本身来说,它存在着一定的危险性,因此说对建筑工程进行项目管理是很有必要的,就当前的发展状况来看的话,项目管理当中也相应地存在着一些风险问题,而为了保证建筑工程可以实现顺利安全施行的话,必须要根据这些风险问题及时地进行对策探讨。

对于建筑工程的建设来说,项目管理是其中极为重要并且不可或缺的部分,在进行项目管理的过程当中总是会遇到一些风险问题,那么该如何来应对这些风险便成为一个很重要的问题,对项目管理风险的解决将会直接的关系到建筑工程项目的运行效果和整体的施工质量,而风险所包含的内容是很多的,比如说建筑工程的技术风险、安全风险和进度风险等等方面的内容,这些部分都是和建筑工程项目本身息息相关的,因此说采取积极的对策来对风险进行解决,也是极为必要的。

一、建筑项目管理的风险

（一）项目管理的风险包含哪些方面

为了保证建筑工程可以高质量地完成，在实际的施工过程当中需要对建筑工程进行项目管理，建筑工程项目的具体的施工阶段总是会面临着很多不确定的因素，这些因素的集合也就是我们所常说的建筑项目管理风险，比如就拿地基施工来说，如果在建筑工程的具体施工过程当中没有进行准确的测量，地基的夯实方面不合格，地基承载力不符合相关的设计要求等的因素，类似这些状况都是建筑项目管理当中的风险，这些风险的存在会直接导致施工质量的不合格，并且还可能会诱发出一些相关的安全事故，导致人们的生命财产安全受到威胁，所产生的问题的不容小觑的。

（二）项目管理的风险的特点

就建筑工程本身的性质来说就存在着诸多风险因素，比如说工程建设的时间比较长，工程投资的规模比较大等等，而就建筑项目管理的风险来说，它的特点也是比较显著的，首先来说项目管理当中的诸多风险因素本身就是客观存在的，并且很多的风险问题还存在着不可规避性，比如说暴雨、暴雪等恶劣天气因素，因此需要在建筑过程当中加强防御，尽可能地减少损失，由于这样的客观性，所以说项目管理的风险同时还有不确定性，除了天气因素之外，施工环境的不同也会导致项目管理风险，因此说在进行项目管理的时候需要就相关的经验来加以进行，提前的进行相关防护，利用先进的科技手段对可能会造成损失的风险进行预估，提前采取措施来减少风险造成的损失。

二、针对风险的相关对策探讨

（一）对于预测和决策过程中的风险管理予以加强

在建筑工程正式投入到施工之前总是要经过一个投标决策的阶段，在这个阶段企业就要对可能会出现的风险问题加以调查预测，每个建筑地的自然地理环境总是会相应的存在着差异的，所以说要对当地的相关文件进行研究调查，主要包括当地的气候、地形、水文及民俗相关等有关的部分，然后在这个基础上将有关的风险因素加以分类，对那些影响范围比较大并且损失也较大的风险因素加以研究，然后依据于相关的工程经验来相应的制定出防范措施，提出适合的风险应对对策等。

（二）对于企业的内部管理要相应加强

在对建筑工程进行项目管理的过程当中，有很多的风险因素是可以被适时地加以规避和化解的，对于不同类型的建筑工程，企业需要选派不同的管理人员，比如说对于那些比较复杂的工程和风险比较大的项目来说，则要选派工作经验较为丰富且专业技术水平比较强的人员去加以进行，这样对于施工过程当中的各项工作都可以进行有效的管理，加强各个职能部门对于工程项目本身的管理和支持，对于相关的资源也可以实现更加优化合理的配置，这样一来就在一定的程度上减少了一定的项目管理风险的出现。

（三）对待风险要科学看待有效规避

在对建筑工程进行项目管理的时候，很多风险本身就是客观存在的，经过不断的实践也对其中的规律性有所掌握，所以说要以科学的态度来看待这些风险问题，从客观规律出发来进行有效的预防，尽可能地达到风险规避的目的，这样一来即使是那些不可控的风险因素，也可以将其损失程度降到最低，而在对这些风险问题加以规避的过程当中，也要合理地进行法律手段的应用，进而得以对自身的利益加强保护，以减少不必要的损失。

（四）采取适合的方式来进行风险的分散转移

对于建筑工程的项目管理来说，其中的风险是大量存在的，但是如果可以将这些风险加以合理的分散转移的话，那么就可以在一定的程度上降低风险所带来的损害，在进行这项工作的时候，需要采取正确的方式来加以进行，比如说联合承包、工程保险等的方式，通过这些方法来实现风险的有效分散。

综上，近年来随着我国城市化进程的不断深化，建筑工程的建设也取得了突出的发展，而想要确保建筑项目顺利进行的话，那么对于建筑工程进行项目管理是很必要的一个部分，这对于建筑工程的经济效益和施工质量等方面都会在一定的程度上产生影响，也可以关系到人们的人身安全等，所以说需要对其加强重视，不可否认的是，在当前的建筑工程项目施工当中仍旧存在着一些风险，如果不能将这些风险及时的加以解决的话，那么将会产生一定的质量和经济损失，因此必须要正确的采取回避、转移等措施，来有效的降低风险所产生的概率。

第七节 BIM技术下的建筑项目管理

在现代建筑领域中，BIM技术作为一种管理方式正得到广泛的应用，这一管理方式主要依托于信息技术，对工程项目的建设过程进行系统性的管理，改变了传统的管理理念及管理方式，并将数据共享理念有效地融入进去，提高了整个流程的管理水平。鉴于此，本节从基于BIM技术下的建筑工程项目的管理内容入手，对BIM建筑项目管理现状及相关措施等方面的内容进行了分析。希望通过本节的论述，能够为相关领域的管理人员提供有价值的参考。

在我国社会经济的发展过程中，离不开建筑行业的发展，建筑工程是促进我国国民经济增长的重要基础。而在建筑工程项目的建设过程中，工程项目管理一直是保障工程建设质量的重要环节。长期实践表明，利用BIM技术能够有效完成建筑项目管理中的各项工作。下面，笔者结合我国建筑项目管理的实际情况，对基于BIM技术的工程项目管理展开分析。1、BIM技术工程项目管理的必要性

一、全流程管理、打破信息孤岛

在项目决策阶段使用BIM技术，需要对工程项目的可行性进行深入的分析，包括工程建设中所需的各项费用及费用的使用情况，都进行深入的分析，以确保能够做出正确的决策。而在项目设计阶段，利用BIM技术，主要工作任务是设计三维图形，将建筑工程中涉及的设备、电气及结构等方面进行深入的分析，并处理好各个部位之间的联系。在招标投标阶段，利用BIM技术能够直接统计出建筑工程的实际工程量，并根据清单上的信息，制定工程招标文件。在施工过程中，利用BIM技术，能够对施工进度进行有效的管理，并通过建立的4D模型，完成对每一施工阶段工程造价情况的统计。在建筑工程项目运营的过程中，利用BIM技术，能够对其各项运营环节进行数字化、自动化的管理。在工程的拆除阶段，利用BIM技术，能够对拆除方案进行深入的分析，并对爆炸点位置的合理性进行研究，判断爆炸是否会对周围的建筑产生不利的影响，保证相关工作的安全性。

（一）实现数据共享

在建筑工程项目的管理过程中，利用BIM技术，能够对工程项目相关的各个方面的数据进行分析，并在此基础上构建数字化的建筑模型。这种数字化的建筑模型具有可视化、协调性、模拟性及可调节等方面的特点。总之，在采用BIM技术进行建筑项目管理的过程中，能够更有效地进行多方协作，实现数据信息的共享，提高建筑项目管理的整体效率及建设质量。

（二）建立5D模型及事先模拟分析

在建筑工程的建设过程中，利用BIM技术，能够建立5D的建筑模型，也就是在传统3D模型的基础上，将时间、费用这两项因素进行有效的融合。也就是说，在利用BIM技术对建筑工程项目进行管理的过程中，能够分析出工程建设过程中不同时

间的费用需求情况，并以此为依据进行费用的筹集工作及使用工作，提高资金费用的利用率，为企业带来更多的经济效益。而事先模拟分析，则主要是指在利用BIM技术的过程中，通过对施工过程中的设计、造价、施工等环节的实际情况进行模拟，避免各个施工环节中的资源浪费情况，从而达到节约成本及提升施工效率的目的。

二、基于BIM技术下的建筑项目管理现状

现阶段，在利用BIM技术对建筑工程项目进行管理的过程中，主要存在硬件及软件系统不完善、技术应用标准不统一及管理方式不标准等方面的问题。BIM技术在应用过程中，受到技术软件上的制约。因此，在建筑工程设计阶段运用BIM技术的过程中，软件设计方案难以满足专业要求。换言之，BIM技术的应用水平，与运维平台及相关软件的使用性能方面有着密切的联系。而由于软件系统不完善，导致在传输数据过程中出现一些问题，影响了BIM技术的正常使用，为建筑项目管理工作造成了不良的影响。

三、加强BIM项目管理的相关措施

（一）应加强政府部门的主导

BIM不仅是一种技术手段，更是一种先进的管理理念，对建筑领域、管理领域等都具有非常重要的作用。因此，我国政府部门应加大对BIM技术研究工作的支持，从政策、资金等众多方面为其发展创造良好的环境。在这一过程中，BIM技术的研究人员应建立标准化的管理流程，加大主流软件的研究力度。

（二）BIM技术应多与高新技术融合

近几年，新技术不断被研发出来，云技术、物联网、通讯技术等先进的科学技术出现在各领域的发展中，在推动各个行业信息化、自动化、智能化发展的同时，也改变了传统的管理思维。可以说，这些新技术的应用，也为BIM技术的应用提供了更好的发展途径。实践证明，将BIM技术与传感技术、感知技术、云计算技术等先进技术进行有效的结合，能够促进技术的发展，使各领域的管理效率不断提升。

（三）建筑信息模型将进一步完善

我国相关部门正逐步统一各项技术的应用标准，为建筑信息模型的进一步完善奠定了良好的基础。实际上，在利用BIM技术的过程中，由于各个阶段建筑模型设计标准的不统一，给建筑模型的有效构建造成了一定的阻碍。而将各阶段的设计标

准进行统一，能够将各个环节的设计理念有效地结合在一起，避免信息孤岛现象的同时，也能够提高管理效率。

通过本节的论述，分析了建筑项目管理过程中应用BIM技术能够取得良好的管理效果，也能够进一步提升建筑工程管理的技术水平。可以说，对于经济社会发展中的众多领域来讲，BIM技术的应用，具有较高的社会价值及经济价值。不过，由于受到技术因素、环境因素及人为因素等方面的影响，BIM技术的价值并没有完全发挥出来。相信在今后的研究中，BIM技术的应用将会对建筑行业及其他相关行业的发展奠定更坚实的基础，促进我国社会经济的发展与建设。

第三章 建筑成本管理

第一节 建筑成本管理的问题

随着国家经济的发展越来越好,企业之间竞争越来越激烈,竞争的性质和类型也各有不同。市场在不断变化,企业就需要从内部进行管理,实现企业利润最大化。建筑企业的利润空间逐渐被压缩,有效的成本管理才能促进建筑企业经济发展。所以建筑企业对建筑成本管理的现状进行分析,探究管理在建筑行业的重要性,希望找到有效的我国建筑行业成本管理方法。

在建筑企业中,建设工程项目是主要的盈利来源,工程项目是否可以带来良好的收益,和建筑工程稳定经营有着直接的联系性。施工质量控制工作是施工单位的重点环节,其具有极高的作用。其中,项目施工质量控制和项目成本控制工作之间有着相同性,两者的目的都是一样的。而且,工程项目是否盈利还和项目成本管理工作有着密切的联系。因此,要想提升建筑企业的经济效益,除了严格控制工程质量之外,还要加大对成本的管理力度,摒弃以往传统单一的成本管理方式,全方面创新和改进项目成本管理模式。

建筑工程中的成本管理工作,主要是指建设某项工程项目产生的全部费用,成本管理则是对在全面管理项目费用的基础上提升工程质量和经济效益,减少成本浪费。从实际情况来看,施工成本属于一项过程性的理念,其包含的内容诸多,比如合同签订阶段、施工阶段以及工程完工阶段包含的全部费用,这些都是要求人员必须重点控制的。

一、成本管理在建筑经济的现状

(一)成本管理

成本管理是企业在管理时以企业全面发展作为基础,通过企业的总体目标,发现企业的成本发展空间,建立企业发展战略体系。成本管理先规划,再计算,然后是控制,最后评价。要将成本管理与内部情况有机结合,使企业在成本体系的基础上激励员工,使员工与企业共同发展,共同进步。

（二）成本管理在建筑经济中存在的不足

我国改革开放在不断深入，经济水平也不断提升，建筑业在我国国民经济中占有中流砥柱的地位。尽管我建筑业已经有了飞跃式进步，相关企业也随之蓬勃发展，但是在企业的发展过程中，成本管理还出现一些不足。建筑经济中的成本管理理念还较为落后，很难达到先进的水平。我国很多企业对成本管理不够重视，所以成本管理人员的成本意识也比较浅薄。在实际中，缺乏相应的管理人才，建筑企业成本管理中还存在很多矛盾，造成建筑企业中很难将资源有效配置，使成本难以降低，建筑企业不能获取理想的利润。成本管理是比较复杂的，但是在实际中，企业高层对成本管理的认识还不够深刻，只是认为成本管理是企业财会部门的任务。建筑企业领导只在意利润，对成本管理不重视，导致企业未能得到很好的发展。建筑企业领导对成本管理的认识还没有到达一定程度，所以在生产经营过程中，成本管理考核制度存在不合理之处。

二、建筑成本问题的控制策略

（一）建立完善的成本管理体制

建筑企业要想对成本进行合理严格把控，就必须完善合理的成本管控体制，而合理的成本控制体系，必须建立专门的成本管理机构与部门。此外，还要对整个施工过程中涉及的人员灌输成本控制思想，使所有在工程中的参与者重视成本控制。这样一来，成本管理问题能在整个单位从上到下都引起重视。建筑成本管理贯穿于整个工程项目的各个环节，对经济效益有着重要的影响作用，对人工、材料、设备等成本进行严格控制可以保证工程的质量，对成本管理进行合理的数据分析，发现一些不合理的问题，随时加以改进。

（二）严格制定成本管理目标

为了使建筑成本管理更加高效，要严格制定成本管理的目标，管理围绕着目标进行展开，使一系列的管理都具有方向性，避免出现计划混乱问题，在后续的成本管理工作中具有指导作用。而合理的成本管理目标需要全方位掌控工程的各项信息，且掌握外界环境的各种影响因素，进行明确具体分析。

（三）建立奖惩机制

目前，很多单位都没有建立合理的奖惩机制，这就造成员工"大锅饭"的思想，无论做了多少工作，结果都是一样的，日复一日，容易造成员工懈怠、干劲不足等，使公司人员和资源的利用率不高,累积下来,造成大量不必要的浪费,企业效益极低。因此,为了不在人员成本问题上造成浪费,企业应建立合理的奖惩机制,充分调动员工的积极性,提高工作效率,让员工充满责任感。

(四)精确测量与计算成本数据

一个庞大的建筑工程往往具有负责的数据系统,精准的测量与计算在整个施工过程中是十分必要的,一个细小的误差就有可能造成大量的成本浪费,影响企业利润。精准的数据分析应贯穿整个施工过程,选取合理的预算方法与工具,根据工程的进展不断修正,使其更加精确,以便根据工期的进度合理安排成本,避免浪费。

(五)加强对人工成本和材料成本的控制

人工成本和材料成本在施工过程中占了很大比重,对于人工成本的控制,主要是控制工人的工资和生产力,避免出现工时过于紧张或者工时浪费的情况,同时,应不断提高工人的专业技术能力,给工人创造良好的工作环境,根据工人的自身情况进行工作调整,使效率最大化。对于材料成本的控制,要求采购人员优先选择质量较好的产品,避免掺杂劣质的、有问题的材料。在材料领用环节,应进行严格把关,可以采用限额领料制度,避免不必要的浪费;在材料保管环节,应提供合适的环境与保管方式,避免材料受潮、淋雨、暴晒、被污染等问题,并定期进行检查。

(六)加强工程进度控制

对于施工进度的控制,要求一项工程的管理者随时掌握工程进度和施工过程中遇到的种种问题,了解工程与预期进程是否有偏差,并根据实际情况进行有效调整,所以企业应指派专门负责人去施工现场进行掌控,并通过测量计算有关数据,掌握成本信息。

当今社会,市场竞争日趋激烈,企业要想屹立于不败之地,就必须制定严格合理的管控机制。而影响建筑成本的因素非常多,所以一定要完善建筑成本的管理体系,进行人工和材料的控制等,在合理范围内降低成本,为企业创造更大的经济效益,提高企业的竞争力,使其在建筑行业激烈的竞争中脱颖而出。

第二节 装配式建筑的成本管理

本节分析研究了装配式建筑与传统现浇建筑的发展现状,对装配式建筑产业链成本控制主要环节的有关问题剖析阐释,运用现代化技术手段重点研究影响装配式建筑产业链的成本管理问题,依据成本组成、影响要素分析和控制措施提出相应的意见建议,以实现对装配式建筑成本的全过程动态管理。

与传统现浇建筑相比,装配式建筑在资源、经济、施工建设方面的优势明显。我国大中城市群建筑工地是引发城市扬尘的主要因素,建筑业空气污染高达15%。开发绿色PC建筑,需要做的第一件事情就是成本管理。

装配式建筑产业链的具体问题可归纳为三个部分:缺乏相关政策法律,标准规范尚未建立;预制装配式技术落后,管理体制不够创新;综合经济效益偏低,缺乏市场竞争力。本节从装配式建筑产业链四个重要阶段入手,阐析了存在问题及相应对策。研究方法主要有:EPC模式,全过程管理,价值工程,成本分析法,标准化工作及制度建设,融摄。

一、问题分析

(一)生产设计阶段

装配式建筑产业链设计生产阶段是成本控制的源头。在传统现浇建筑设计基础上,深化设计费用上浮30%~40%,行业存在增量。国内预制构件的设计和生产还没有完整的统一标准可循,构件类型单一,标准化程度低。大多数制造商仍在生产梁、板等水平预制构件,而柱、楼梯等垂直部件的生产量不大;装配式建筑模具的利用率较低,大构件运输不便捷,在模具设计过程中不能及时的发现其中的问题所在,后期调整不及时导致工期延长及人工成本增加;装配式建筑的构件生产完成并由车间制造,与在现场的大量组装业务和原班人马就地操作的成本相比大大降低。然而,在现场制作过程中预制构件的维护不到位,现场生产效率低,不合理的拆解也将增加生产成本;当前我国具备资质的设计和生产单位对预制混凝土技术了解尚浅,部分企业达不到各专业充分结合的要求,专业间的对接性较差、管理力度不够。

(二)招投标阶段

招投标是一项涉及企业声誉、经济、技术等综合实力的工程活动,受各方面因素制约。装配式建筑企业施工和生产任务主要通过招标渠道获取。投标工作质量直接影响施工单位的成本管理。部分企业为了提高自身的经济效益,便随意投标报价;一些行政部门,给竞标者暗箱操作的机会;招投标文件中的合同条款表述不够严格完整,导致招标时工程量清单出现错误;评标委员会考虑不周降低了标底的准确性等等。这一切问题都源于我国在装配式建筑领域的法律法规尚不完善,加上有关行政部门对招标工作的监管不力,未能及时制止这种行为的发生。

（三）施工阶段

装配式建筑的施工阶段保留过多传统现浇建筑的模式经验，使得建造成本大幅度增加。现存在的问题有：在现场布置和施工顺序方面，装配式建筑不同于传统现浇建筑模式，装配式建筑由于要大量吊装大构件，其垂直运输费用大；对施工进度与采购进度的配合要求较高；安装环节也有一定技术难度，施工工人由于操作不当而产生一些不必要的开销，同时pc构件等材料成本也在装配式建筑项目成本构成中占很大的比重。

（四）运营阶段

由于装配式建筑产业化工厂养护和堆放的场地需求较大，政府在土地面积税率和补贴方面的政策措施不够全面，过高的成本让许多房地产开发商望而却步。

二、措施

（一）生产设计阶段

装配式建筑的全寿命周期成本管理，主要是考虑在项目准备和建设阶段的预制建筑的增量成本。随着工厂的信息化科学管理，装配式建筑的成本性能愈来愈高。因此，有必要考虑的不仅仅是零部件的处理成本，还有绿色节能建筑技术的附加成本，提高监管效能，尽早在生产设计阶段介入成本控制。

实行标准化设计，设计人员应合理计算PC构件模数，注意多组合少统一，灵活运用叠合板、二次钢筋绑扎搭接技术；创建严格的设计变更检查系统，并降低设计变更的成本限额，以满足装配式建筑企业合同协议的成本要求。如设计变更费一旦高于生产订单要求的5.5%时，则扣罚一定比例的设计费（设计质保金），并根据成本条款严格执行设计变更；提高预制构件生产工艺性能和劳动生产率，采用流水施工方式和环形生产线来组织生产，加强PC构件新材料的研究，提高设计生产精度；设计师与财务管理部门统筹管理动态控制投资，按照装配式建筑工程项目的实际情况与成本要求进行深入分析和调研，进而制定出质量完备的工程设计方案。协调安排设计生产作业和专业过程承发包，降低装配式建筑项目的人、材、机成本；利用价值工程优化设计生产方案，以EPCM全产业链协同创新管理为前提，采用现代信息技术管理方法，严格遵循FIDIC和绿色建筑评价标准体系，通过设计和生产优化实现帕累托最优。

（二）招投标阶段

在招标文件编制阶段，设计师们应当深入剖析现有图纸中的问题，各流程之间进行协调，以保证使用功能正常的条件下，采用成本效益高的施工材料和工艺。投标必须遵守法律法规和市场经济秩序，在制定招标文件就必须依靠建筑市场的实际情况。为防止部分投标企业采取不正当手段来竞争建设项目资格的情况产生，做一个在合理范围之内的项目成本。同时，尽快提高EPC工程总承包项目的招投标管理制度，加强装配式建筑项目的合同管理，明确落实EPC承发包商责任，改进风险管理和质量安全监控，使该文件拥有较高的制约性和可操作性，从而满足市场需求，尽可能地降低工程成本。

（三）施工阶段

为了解决装配式建筑项目施工阶段的成本问题，首先需要提高施工现场的管理水平。在装配式建筑项目施工过程中，项目经理需要结合装配式建筑的施工特点才能制定出科学合理的施工顺序。根据施工特点合理选择施工机械，裁定最合适的施工方案。PC构件的安装快慢对施工阶段的成本造成很大影响。因此，有必要结合施工现场计算使用起重机的频率位置，以降低部件库存和二次处理情况的发生。第二是需要加大信息化应用程度，在建筑规划阶段，设计单位可以使用BIM+REVIT进行清查，利用现场管理和施工过程中的仿真模拟，识别并解决可能遇到的任何问题，优化生产设计和施工流程，方便了施工交底和施工指导，并直观彻底地向现场作业人员传达需要的信息，防止因人工操作不当造成成本消耗。最终，将EPC模式应用于装配式建筑。在EPC模式中，原始现场施工被分成两个部分：工厂制造和现场组装，可实现场空间的交叉流动操作和缩短整个施工时间。将EPCM融摄施工阶段的成本管理，各种材料和零部件的成本将是透明的，并以合理的市场范围，进一步降低采购成本。

（四）运营阶段

为了更好地解决14亿人口的安家问题，国家正在改革和完善房地产市场经营管理体系。装配式建筑行业倍受国家政府的关注领导，各个城市都提出了额外的土地出让条件和优惠政策。目前已有超过30个省份出台装配式建筑的保障政策，除了国家政策支持、城市群建筑行业发展推动的外部因素之外，预制混凝土建筑在缩短项目开发周期、提高房地产企业资金周转率方面的优势，也是推动房地产企业应用装配式建筑技术的重要内部因素。

装配式建筑作为一种新型建筑模式，推广的道路上还存在着一些制约因素，比如造价成本高等。信息化和工业化融合发展是推动建筑业结构性经济改革的重要推手，通过装配式建筑产业布局调整及完整生态产业链的打造，在今后的市场角逐中，有效的成本管理尤为重要。一旦这些问题得到解决，装配式建筑在未来能源信息化建筑工厂的社会效益和经济效益将不可估量。

第三节　建筑成本管理的意义

在我国经济稳定发展的背景下，建筑工程数量增加，工程量及工程需求量扩大。部分建筑工程建设周期较长，需要较多的资金投入，影响建筑成本的因素也较为复杂。在实际的建筑工程建设中，由于施工计划缺乏合理性、建筑设计缺乏科学性、工程施工缺乏规范化管理，导致建筑资源浪费严重，实际降成本远超过预算成本，但施工质量却没有提高，严重影响建筑工程的发展。文章以建筑工程建设阶段划分为基础，分析建筑工程项目立项、决策、设计、债投标、施工阶段成本管理的意义，并根据各阶段成本的影响因素，制定建筑成本管理策略。

建筑成本即工程的建造价格。通常情况下，建筑成本数额较大，并且会受到工程建设需求的影响而产生差异。同时，在建筑工程建设过程中，建筑成本会受到较多因素的影响，如设计变更、安全事故等。此外，建筑工程建设包含多个分部工程，每一分部工程的成本不同。最后，建筑施工周期较长，每一阶段的计价方式存在差异，建筑成本也有所不同。因此需要根据工程项目建设阶段的划分，重视各阶段之间的联系性，继而采取不同的成本管理策略。

一、注重建筑成本管理的意义与作用

（一）优化资金配置

目前，我国加大了对各类建筑工程建设的资金投入，但仍然难以填补工程建设所需的资金缺口，主要原因在于没有对建筑成本进行全面化、动态化管控。在精细化、整体化、动态化管理的新时期，建筑成本管理势在必行。在建筑工程项目建设过程中，建筑成本会呈现波动趋势，传统的成本控制策略难以实现对建筑成本跟踪式、动态式管理，导致成本控制效率低下，甚至会影响施工进度。

（二）防范财务风险

建筑工程建设具有较高的风险，如施工风险、环境风险等。这些风险的诱导因素

复杂,如施工人员施工技能不足、设计环节对施工地点水文、地质等条件没有进行全面勘察等都会影响施工进度,增加建筑成本,诱发财务风险。为此,项目建设主体需要深刻分析工程项目建设各个阶段的成本,降低财务风险。

二、建筑成本管理策略

(一)建筑设计阶段成本管理策略

建筑设计是否全面对建筑成本具有直接影响。建筑设计不仅需要符合建筑功能的需求,还需要具有可行性。因此,建筑设计需要全面、综合地考虑在整个施工过程中的实际施工难度、施工技术的选择、施工流程的划分、施工材料的配比、施工环节物资的分配等。建筑设计的基础是对建筑物施工地点的实际勘察,建筑结构的复杂程度以及形式影响建筑设计。同时,建筑施工地点的特殊地质、岩石特性、地形地貌、交通电力通讯资源情况、特殊环境要求、地方政策等都对施工工艺、工法、配套设备具有较大的影响。一旦勘察不到位,则会引发不必要的设计变更,增加建筑成本。为此,工程项目经理需要细致审核建筑设计的可行性。同时,在建筑成本中,材料费用可达建筑总成本的60%。在材料的选择上,既要符合美观性、功能性、环保性等要求,又要注重材料的经济性。为此,需要充分考虑材料的地域限制,如果选择本区域内没有的材料,就需要从其他地区运输材料,不仅增加材料成本,还会影响工程进度。此外,需要推行限额设计,根据施工能力、资金流等施工企业实际情况制定限额设计目标,避免因限额设计目标过高而影响建筑设计的合理性、科学性。同时避免因限额设计目标过低而影响设计的经济性,可根据工程可行性报告以及投资估算,在初步设计阶段制定限额设计目标,注意限额设计与建筑成本控制的联系,成本管理人员全程参与设计各个阶段,一方面要保证设计对于资金的有效控制,另一方面要对多个设计方案进行论证、对比,择优选择,保证工程技术与经济的统一。

(二)建筑施工阶段成本管理策略

在建筑施工过程中,应当采用工业化、标准化的施工工艺与技术,以机械化代替人工施工、生产,一方面可以减少工程项目施工过程中的人力成本,另一方面可以减少现场制作产品,缩短工期,继而降低建筑成本。同时,在对技术进行选择时,应当尽可能选择国内已经成熟的先进技术。新兴技术虽然能够提高施工效率,但是其市场透明程度较低、应用经验匮乏,还需要较大的资金投入。因此,建筑成本管理人员要在对新兴技术可行性进行充分分析、调研的基础上进行选择。此外,在设备选择上,尽可能选择通用化、标准化的设备,既要符合施工需求,又要考虑到设备的自主维修保养,避免在设备维护上花费大量资金。

(三)竣工验收环节成本管理策略

该环节需要项目的建筑方严格地对施工预算之外的额外费用进行必要的审核。对于施工时所用的签证和图纸不符合的工作量也要进行及时的结算。在竣工的时候对于工程量要进行及时的核查,结算时要始终保持着销量不调价的方式,对于发生的工程量进行必要的结算。在施工后需要对于超出招标范围之内的工程量和所使用的费用进行及时的核查和整理。在对于项目施工结算时,包括设计方面和清单方面所遗漏的项目资金都需要进行审核,其次在项目结算的过程中,包括设计的变更和清单的费用,都需要进行及时的核查,由建筑方和监理方进行最后的工程项目核算审查工作。

(四)在成本管理中融入现代信息技术

建筑成本管理人员需要对工程建设中与设备、人力、施工进度、施工技术、施工工序等相关数据进行收集。例如施工信息通常由现场人员进行采集与记录。人工信息收集的缺点在于难以发现工程要素之间的内在联系,容易遗漏关键的造价控制点。除此之外,人工进行信息记录的工作任务繁重,既要进行跟踪式记录,又要记录各个施工环节,难以保证建筑成本信息记录的准确性。为了保证建筑成本信息的全面性与精准性,需要利用BIM技术,将工程信息、人员信息、设备信息、施工信息等进行整合,识别其中能够影响建筑成本的要素,并对各类信息进行计算和分析,制定详细的成本控制计划。同时通过对比现场数据与BIM模型中的成本控制计划,综合分析成本偏差的原因,制定纠偏措施。

(五)注重影响建筑成本的关键因素

设计变更是指在工程实施阶段,因实际施工情况与建筑设计不符,而需要改变设计内容的情况。一般情况下,建筑工程项目是采用一边设计、一边勘察、一边施工的方式,在工程施工过程中的设计变更影响因素较多,导致工程项目需要进行变更索赔,极大地削弱了施工前成本控制作用。因此,建筑成本管理人员应与设计者、建设单位、施工单位针对可能出现的重大调整进行预测,共同协商解决方式。建筑成本管理人员需要综合考虑新材料、新工艺等特殊设计情况、当地自然资源情况、社会及自然环境及潜在施工干扰情况等,对施工地点进行实地调查,避免施工过程中出现重新设计的情况,降低建筑工程项目的损失。

（六）做好工程造价预结算审核工作

建筑工程造价，即建筑工程所需要投入的资金综合。建筑工程造价预决算审核是指对建筑工程量、建筑工程单价等进行全面审查，保证建筑工程造价的预算与决算衔接，达到降低建筑工程建设成本，提高建筑工程经济效益的目的。建筑工程造价预决算审核工作涉及建筑工程前期的设计、建筑施工建设以及建筑工程竣工验收的各个环节之中。在建筑工程设计阶段，预决算审核工作主要是对建筑工程的资金、人力、设备等投入进行估算；在建筑工程建设施工环节，预决算工作的重点在于发挥监督作用，督促施工企业按照前期建筑工程造价预算合理分配及使用资金，避免出现人力、材料浪费现象；在建筑工程竣工验收阶段，预决算审核的工作集中在决算中，需要仔细核对建筑工程资金使用情况，汇总建筑工程建设中全部的费用支出。总体来说，建筑工程造价预决算审核贯穿于决策、设计、施工及竣工验收等建筑工程建设始终，工作要点如下。

1. 建筑工程量审核

建筑工程造价预决算审核中对建筑工程量的审核要秉承全面性原则。审核人员需要全面掌握施工设计图纸、施工图纸以及施工方案等相关资料，使用正确的建筑工程量计算方式，加强对隐蔽建筑工程验收记录的审核，保证审核内容无遗漏。审核工作首先要核对预算定额与作业图纸中的细目是否一致，这是预算单价套用的基础，在仔细核对后，如果发现细目之间没有偏差，就可以套用单价。此外，在建筑工程量审核中，预算定额细目与实际施工图纸细目中所使用的计量单位必须统一，对于数字类单位如"m""km"等单位的审核较为简单，但是对于设备类的计量单位，例如"台""套"等，审核人员要根据实际情况，审核细目间计量单位是否统一。

2. 材料价差的审核

材料费用可占建筑工程造价的 60% 以上，所以对材料价格及价差的审核也成为建筑工程造价预决算审核工作的重点审核内容。首先，审核人员需要掌握材料的数量、种类及型号，在此基础上核对材料的计收，重点审核材料的数量、规格的计收方式是否符合定额分析结果。同时，部分建筑工程的建设周期较长，所需材料种类及数量规模较大，材料价格会随着市场发展及时间产生价格波动，审核人员需要按照施工周期，分段对材料价格进行审核，保证审核的准确性。

3. 中期付款审核

中期付款审核同样是建筑工程造价预决算审核的重要内容。审核人员首先需要针对相关合同条款以及合同中规定的款项进行严格审核。在确定合同中约定需要中期付款后，审核人员需要对付款方式、付款金额等进行全面审核，审核无误后，才可以将钱款按照合同约定方式转入合同另一方账户。

当前建筑工程项目成本管理中存在成本估算不准确、信息共享不良、招投标施工阶段管理不善的问题，为此，需要加强对建筑设计、施工阶段的资本管理，做好工程造价预结算审核工作。同时，结合现代管理技术，提高对影响建筑成本关键点的管控。

第四节 建筑成本管理的控制

文章针对建筑成本管理控制方式以及相关问题进行阐述，结合建筑成本管理现状为依据，首先分析了建筑成本管理的影响因素，其次对建筑成本管理问题进行研究分析，再次提出建筑成本管理控制有效措施建议，最后总结出制定科学合理的成本管理目标、积极引进先进的成本管理手段、增强成本分析的科学性、施工材料成本的有效控制等有效控制方式，目的在于提高建筑成本管理质量。

社会发展以及建筑行业进步基础上，我国建筑企业对成本管理的关注度不断提高。尤其是社会主义市场发展基础上，建筑行业逐渐出现自主经营、自负盈亏的模式，这种经营模式与企业发展最终目的之间相冲突，需要为社会发展提供更多高质量服务，要求建筑企业不断提高建筑成本管理控制，寻找适当的建筑成本控制方式，更好的适应激烈的市场竞争，降低建筑企业成本投入，从而获取更高的利润。

一、建筑成本管理影响因素

建筑企业项目建筑以及开展过程中包含非常多的建筑环节，成本管理与社会环境、市场环境、内部环境等具有紧密联系，其影响因素可以划分为以下几个方面。

（一）建筑成本设计因素的影响

建筑项目中的设计因素对成本具有重要影响，建筑设计理念是影响成本变化的关键一点，尤其是设计理念中，如果建筑企业中积极采用科学技术为基础，同时建筑的外观设计、环保性能等都需要不断提升。当然建筑设计设计范围以及内容的不断增多，其需要的建筑成本也会增加，美观性以及建筑设计的环保性等都需要非常多的建筑成本支持。与之相对应进行分析，如果建筑成本中设计理念不断调整，提高其中经济性以及适用性等方面的特点，这样就能够帮助建筑企业节省一部分的建筑成本，并且保证建筑质量。在此基础上，建筑项目设计中，建筑方案的制定对建筑成本高低也非常重要，制定适当的建筑方案，一些企业将建筑项目选择外包出去，或者采用公开招标的方式选择施工单位，从建筑成本角度分析，公开招标模式更加适合成本控制，帮助建筑企业合理开展项目建筑，节省更多的建筑成本。

（二）建筑建筑结构与建筑用途的影响

对于建筑企业来讲，建筑结构与用途之间存在不同，当然建筑结构与建筑用途都对建筑项目成本管理具有重要作用。适当的建筑结构以及用途的确定，帮助建筑施工企业选择科学的施工方式，合理规划建筑用料等，从很多细节上节省建筑施工成本。在相同建筑面积之上，建筑结构比较复杂，居民楼或者是工作单位使用的写字楼等，这些都对建筑施工要求严格，并且需要投入的建筑使用材料也比较多，相对来讲成本更加复杂。但是建筑结构比较简单的项目，比如说生产厂房或者仓库等，其施工方式相对简单一点，需要的材料种类较少，因此建筑成本相对较低。

（三）管理因素的影响

建筑项目中的管理因素，从施工管理中能够明显的体现出来，施工单位对项目施工展开科学管理，帮助其更好的进行工程建设，保证工程顺利施工基础上，尽量减少其中消耗的施工材料，保证施工成本，为施工的顺利进行奠定基础。与此同时，建筑项目管理期间，合理的管理手段，帮助建筑企业减少更多的工作量，并且帮助其降低人工成本费用，这样就能够合理控制成本，降低成本基础上获取更高的收益。

（四）其他因素的影响

建筑成本管理的影响因素很多，其建筑涉及范围较广，地质环境对建筑成本管理的顺利进行非常重要，同时不同影响因素的难度存在很大差别。天气条件变化，如果持续暴雨或者汛期等，建筑项目施工就会延迟，材料管理等也需要采取更多的措施，人工成本、材料成本等会增加，工程不能按照工期顺利完成，时间成本也会增加。项目合作的双方，信誉度至关重要，良好的配合为项目顺利完成奠定基础，很多因素都对建筑成本管理具有影响。

二、建筑成本管理问题分析

建筑成本管理仍存在一些问题，主要体现在以下几个方面。

（一）成本管理目标制定缺乏科学性

当前一些建筑企业中，成本管理都是以企业施工建筑为主提出成本管理目标，但是这种成本管理目标的制定不够全面。具体开展建筑成本管理期间，企业施工不能严格按照设计方案进行，施工图纸制定不够详细，同时施工期间分析力度不够，不能及时深入到市场中进行考察。施工成本管理不能做到因地制宜,项目预算以及控制等方面缺少科学性。

(二)成本管理手段急需改进

成本管理中对建筑项目进行了详细划分,将其规划几个环节,项目设计到收工检验,全过程实施成本管理,每个环节都需要详细审查,仔细进行成本管理与控制。建筑项目其本身具有范围广、复杂性等特点,所以建筑成本管理的内容也会十分复杂。积极开展成本管理工作,提高其有效性需要从几个方面进行统筹规划,建筑部门之间的紧密联系,管理手段的创新,管理工具的完善等。但是实际建筑项目实施成本管理期间,首先在管理手段上没有及时创新,其次施工工具的管理不够缜密,尤其是计算机、网络技术等方面,存在很大的欠缺,部门之间协调性不理想等,造成成本管理质量不达标。

(三)成本分析不全面

当前市场中大部分的建筑企业,其开展成本管理工作期间,没有对建筑成本内容进行详细的分析,导致成本管理效果得不到提升。财务人员对工程建设中产生的数据统计不及时,成本管理期间不能提供准确的数据参考资料,导致数据缺少可靠性。成本管理分析不到位,成本管理就会出现很多盲区,制定的成本管理方案盲目性不可避免,对企业盈亏等分析不合理,导致成本管理不能顺利开展。

(四)成本管理相关体系不健全

成本管理过程中,其管理体系建设不够完善,导致项目成本管理中,部门之间的分工以及责任划分不明确,很多成本问题没有及时寻找原因,给予解决。还存在一些成本管理直接依附到财务管理部门的现象,导致企业成本管理有效性、科学性受到阻碍。

三、建筑成本管理控制有效措施建议

对于建筑企业来讲,成本管理是帮助其控制成本变化的重要基础,同时也是提高建筑企业管理质量的重要手段,成本管理控制中存在一些管理问题,需要将这些问题及时完善,才能更好的帮助建筑企业提高成本管理质量。

(一)制定科学合理的成本管理目标

制定科学合理的成本管理目标,帮助建筑企业更好的提高成本管理质量。成本管理目标的科学性,为成本管理提供更加准确的方向,制定成本管理目标期间,首先深入市场进行成本调查,对企业中涉及到的建筑材料以及市场环境等进入熟悉,积极融入科学的计算机技术,对成本管理展开准确计算,保证成本管理方案的科学完善,这样才能帮助其更好的在实际成本管理中运行。与此同时,成本管理目标的制定还需要保持一定的弹性,注重其动态调整,结合市场发展以及环境变化为基础,及时对目标做出调整,一定要确保成本管理的目标与项目实施之间保持一致。比如,某工程项目预计工程工期为9个月,经过市场调查以及分析,制定了合理的成本管理方案。尤其是其中的材料成本以及设备管理等。但是进入到7~8月份,汛期逐渐来临,成本管理目标本来认定9个月工期可能会延迟,这期间积极采用第二套备用方案,该方案中将汛期期间工期的推迟以及材料保管、设备保管等都进行了详细规划,降低管理成本基础上,保证工程的顺利进行。管理成本目标对成本管理非常重要,科学的目标指引,增加项目施工的规律性与方向性。

（二）积极引进先进的成本管理手段

成本管理创新需要先进的成本管理手段作为基础。信息化时代的到来,科学技术发展迅速,在此背景下,计算机网络等技术不断渗透到各行各业中,当然建筑企业也不断创新成本管理技术,帮助其更好的满足信息化时代的要求。成本管理中计算机技术的渗透,帮助其提高账目管理质量,增强数据统计管理的准确性等,为成本管理带来更多的发展动力。建筑企业积极建立属于自己的管理系统,专注于成本管理,积极利用计算机技术为基础,对成本管理科学有效的运行,并且帮助建筑企业制定科学的成本管理方案,增强成本管理的科学性。与此同时需要注意,计算机技术对管理中部门之间的沟通交流进行协调,同时还能够增强责任分配科学性,完善成本管理中考核规范制度,为成本管理提供更多的方便,帮助其开展成本管理工作期间,能够做到有章可循、有法可依,帮助其更有效的进行成本管理工作。

（三）增强成本分析的科学性

成本分析期间,其能够帮助成本管理制定更加科学的管理方案,为其提供相应的参考依据,同时增强参考数据的稳定性与合理性。对于建筑企业来讲,财务部门针对项目建设中产生的各种成本数据都要及时总结与整理,根据数据分析对企业项目建筑期间产生的盈亏状况详细统计。同时项目分析期间,对资金使用的合理性与欠缺性进行归类,清楚认识到成本资金在什么方面属于合理应用,同时哪些建筑方面材料以及资金存在浪费等,科学进行成本分析,将统计资料进行保存,为后续的施工建设提供成本管理数据参考。进入市场对成本管理调查分析期间,对市场环境详细观察，中和相关建筑项目需要消耗的成本，积极参考以前项目建筑期间成本管理的资料，对材料价格、设备价格、人工价格等都进行统计分析，掌握这些数据之后，对数据进行详细分析，制定详细的成本管理方案，结合施工地点、季节变化、环境、地质等因素，对施工方案进行统筹规划，注重每个环节的成本分析，保证成本分析科学性基础上，推动成本管理的质量的提升，为建筑项目施工的顺利进行奠定基础。

（四）有效控制施工材料成本

施工材料成本是成本管理中的重要组成，施工材料管理期间，其项目数据分析需要保证准确。财务管理期间，施工材料属于其中一个重要项目，针对材料成本管理，需要建立完善的材料成本管理制度，同时成立财务审计小组，对材料成本账务的真实性、准确性进行核算。有效控制材料成本费用，增强成本管理质量。比如材料采购期间，必须对材料价格进行市场调查，并且深入到材料加工地点进行监督审查，保证材料达到施工建筑标准基础上，对材料进行购买，重视材料性价比。其次是材料运输以及管理方面也需要严格控制，材料运输期间，根据材料属性选择最适当的存储手段。一些怕潮或者怕水的材料，必须准备防潮设备。水泥或者混凝土等材料，其强度非常关键。如果保存不得当，导致材料不能使用，还需要重新购进，材料浪费基础上材料成本增加。财务审计小组人员，对材料管理等进行全面审计，定期对审计内容进行统计，为后续工作的开展奠定基础。

综上所述，对于建筑成本管理来讲，虽然一直在不断探索适当的成本管理方式，同时在不断创新改革基础上也获得了很多的成效，但是其中仍存在一些问题，主要体现在以上几个方面。积极对其进行优化调整，更好的提高成本管理质量。

第五节　绿色建筑的成本管理

随着日益恶化的气候环境和不断紧缩的可利用资源，绿色、环保、低碳建筑越来越受重视，本节在阐述了绿色建筑概念及成本构成的基础上，对影响绿色建筑成本的因素进行全面剖析，进而针对相应的影响因素提出有效的控制对策和方案，为绿色建筑施工管理中成本控制提供了思路。

随着社会的可持续发展，面对日益严峻的气候环境以及有限的可利用资源，作为高耗能的建筑行业，尤其受到威胁。因此，绿色、环保、低碳的建筑理念越来越被重视。住建部也将绿色建筑发展工作列入到了"十三五"规划中，规划提出，城镇绿色建筑占新建建筑比重达到50%，绿色建材应用比例达到40%。进一步推动了绿色建筑的规模化发展进程。然而建造成本是绿色建筑的参建方都重点关注的问题。

一、绿色建筑概念及成本构成

（一）概念

绿色建筑是在全寿命期内，最大限度地节约资源（节能、节地、节水、节材）、保护环境、减少污染，为人们提供健康、适用和高效的使用空间，与自然和谐共生的建筑。"绿色建筑"的"绿色"，并不是指一般意义的立体绿化、屋顶绿色建筑花园，而是代表一种概念或象征，指建筑对环境无害，能充分利用环境自然资源，并且在不破坏环境基本生态平衡条件下建造的一种建筑，又可称为可持续发展建筑。

（二）成本构成

鉴于绿色建筑的建造标准和建造要求，建造成本必然成为参建各方关注的焦点。

①节能成本。绿色建筑不同于普通建筑，对于外墙保温、屋面防水、室内散热、照明电气等的建造和安装，通过采用新型环保节能的材料，利用风能、太阳能、生物能和海洋能等可再生能源，来实现建筑物的整体节能，与普通建筑相比，这无疑增加了一定的成本支出。

②节地成本。节地成本主要体现在通过生态恢复技术，将因采矿、工业和建设活动挖损、塌陷、压占、污染及自然灾害毁损等原因而导致废弃的土地进行恢复，来建造利用率高的建筑物，从而节约土地成本。例如有效地利用地下建筑空间、采用新型建筑结构或建筑通道、对软土地进行强夯等方法进行改良。

③节水成本。节水成本主要是通过优化室内室外排水系统，安装水资源净化和循环装置来节约整体水用量。例如采用天然雨水利用和安装新型排水管道的方式来促进水源的节约和再利用。

④节材成本。节材成本主要是指为节约材料而采用绿色建材、合理建筑结构体系、成品或半成品建材应用、高强建材应用、土建装修一体化、不必要的装饰性构建精简等技术及措施产生的成本，如采用新型水泥、高强高性能混凝土、新型钢筋加工处理以及材料再利用等产生的增量成本。

三、绿色建筑成本影响因素分析

（一）技术方案

施工技术是实现绿色建筑的核心，同时也是建筑成本增加的主要来源。绿色建筑的功能需求是施工技术选择的前提,而施工技术则是功能需求满足的保证。节能、节地、节水、节材等新理念势必需要相应的新的施工技术,那么,技术方案的研究、创新、试用、评价都是必经的步骤,而这些步骤的实施必然带来成本压力。

(二)法律法规

建设标准是对绿色建筑整体建设等级的衡量,是编制、评优项目可行性研究和投资估算的重要依据。中国城市研究会绿色建筑研究中心经住房和城乡建设部授权,每年都会在全国范围内进行一星级、二星级和三星级绿色建筑评价,引导绿色建筑有效实施。由于绿色建筑的建设标准不同于普通建筑建设标准,要求的材料等级和设备型号等标准都相对较高,这同样会造成成本增加。

(三)人员素质

新的节能技术需要专业人员的施行,无论是管理人员,还是施工人员,不仅需要提升自身的技术水平,同时,相互之间的合作也需要维持和强化。涉及到大量的培训费用,这也是成本增加不可忽视的一方面。

四、绿色建筑成本控制对策

(一)技术方案更新

在施工过程中,应积极研究使用新工艺,通过不断的进步,使施工技术水平有效提高。在施工技术管理工作方面,企业可选择合理有效激励措施,从而使施工技术人员在研究施工技术方面提高热情,以更好研究并且改进施工技术,进而使企业绿色施工水平得到真正提高,同时也能够使企业竞争能力以及发展能力得到有效提高。

(二)法律法规深入学习

对于不断更新完善的法律法规等规章制度,应定期组织相关人员进行透彻学习和研究,并结合以往相关案例进行分析,吸取经验,总结教训,以最大范围地杜绝因法律法规带来的索赔。

(三)人员进行综合培训

对于管理人员,增加继续学习和进修机会,不断更新管理理念和挖掘更高效的管理技巧,多与国内上市公司和国际公司的管理层进行交流,学习借鉴有用的管理理念,提升自身的综合水平。

对于施工人员,加强新技能、新工艺的培训学习。施工技术员是施工现场生产一线的组织者和管理者，在工程施工过程中具有极其重要的地位，施工技术人员应以高度的责任感，对工程建设的各个环节做出周密、细致的安排，并合理组织好劳动力，精心实施作业程序，同时应具备应付突发事件的能力。因此，需要不断地充电学习，以培养施工人员更专业、更全面、更严谨的职业道德和素养。

同时，应注重管理人才和施工人才的结合，加强培养技术和管理同时具备的复合型人才，使管理人员既有技术方面的优势，又有管理方面的优势。

（四）市场价格合理协调

绿色建筑需求绿色材料和节能设备，这些材料和设备的市场价格随市场供需变化而变动，采购人员应及时掌握市场细分策略以及产品、价格、渠道、促销方面知识，分析市场状况及发展趋势，分析供货商的销售心理。同时，采购人员也要不断地从谈判技巧、谈判心理、相关政策等方面进行学习进修，以不断增进其团队协作能力和语言表达能力。

绿色建筑施工是近几年来备受国家重视的一项工作，本节在阐述了绿色建筑概念及成本构成的基础上，对影响绿色建筑成本的因素进行全面剖析，进而针对相应的影响因素提出有效的控制对策和方案，为绿色建筑施工管理中成本控制提供了思路。

第六节　建筑经济的成本管理

随着社会的不断发展，建筑行业为我国的经济发展和民生稳定做出了非常突出的贡献。当下，建筑经济成本管理问题已经成为制约建筑行业持续向好以及稳定发展的重要因素。加大建筑行业的成本管理力度，不但能够保证建筑工程的高质量，而且对建筑施工企业经济效益的提高有显著的作用。本节就建筑经济的成本管理存在的问题，进行了深入的探究并提出了与之对应的解决方案，对相关工作人员有重要的参考意义。

建筑企业经济成本管理工作是非常重要的一个环节，该项工作的合理开展直接决定了企业经济效益的提升以及后期运营情况。从当前建筑企业经济层面管理工作实际开展情况来看，还面临着较多的问题，具体表现为制定的管理体系不完善，理念较为滞后，要想扭转这一局面，就要求建筑企业树立正确的成本管理理念，采取合理的方式对经济成本进行管理，在减少资金输出的基础上帮助企业获取诸多利润。

一、市场经济环境下建筑经济成本管理的重要性

（一）建筑企业核心竞争力重要评估参数之一

在城市化进程加快背景下，建筑市场经济迅速发展，随之而来的是建筑企业之间的市场竞争加剧。基于本质角度而言，建筑企业之间的市场竞争具体包括产品质量和产品价格，而基于建筑企业角度而言，产品质量和产品价格之间的竞争实质是产品成本竞争。因此，建筑企业加强经济成本管理，是提升市场产品核心竞争力的有效手段之一，也是推动建筑企业快速发展的重要举措。

（二）建筑产品价格决定性因素之一

建筑产品价格确定之前，建筑企业通常需要以建筑成本为对象展开仔细的综合性计算评估，并在此基础上，综合考虑市场经济因素进行综合性评估，同时，立足于获取最大化经济效益，最终确定建筑产品价格。唯有通过这种方式确定的建筑价格，才能被与建筑产品密切相关的单位认可。

（三）建筑企业决策工作重要参考依据

大部分企业决策建立在成本核算工作基础上，目的是获取可观经济效益，从而为实现企业稳定、健康、持续发展夯实基础。对于建筑企业而言，决策亦是如此，唯有建立在成本核算工作基础上，才能保证建筑企业决策的科学、合理性，以此获取可观经济效益。基于这一角度分析，可发现建筑经济成本管理直接影响建筑企业的决策。

（四）建筑施工质量反馈指标之一

在建筑工程项目中，建筑经济成本管理与建筑企业活动息息相关。基于细节角度分析可知，具体建筑施工中使用的各项原材料合格性、生产效率等，均可以从建筑施工质量客观反映出来。同时，通过这种方式也可以反映出建筑经济成本管理对建筑企业经济的具体影响。

二、现阶段建筑工程经济成本管理中存在的问题

（一）建筑经济成本管理体系不够完善

跟随着时代的发展脚步，建筑行业也在快速发展，但是，相关的建筑经济成本管理体系却没有因为行业的快速发展而实现同频率的优化和完善。目前，建筑行业采用的还是老一套的建筑经济成本管理体系，导致建筑企业在资金管理方面会出现很多以前没有遇到过的新问题。

（二）招标工作流于形式

在实施建筑经济成本管理工作的时候，只专注于对施工过程中的管理，却忽略了分包队伍招标工作的管理，招标人员责任心不强，未对分包队伍诚信进行考评，未仔细调查其履约能力，未进行市场价调查，以致于所选出的分包队伍素质不高，后续施工工作的开展问题颇多。

（三）管理意识薄弱

成本管理是一个系统工程，需要工作人员的参与配合，寻求配备专业的成本管理人员，并合理使用成本管理工具，包括在线监测和现场管理。施工人员必须具有一定的合作意识，能够准确地报告工作的每个阶段，并按照成本计划进行合理的工作。但实际上，大多数施工队伍缺乏相应的意识，更注重最终的经济利益，认为只控制工作链和施工进度就可以提高经济效益。此外，由于缺乏职业标准制度，在人员部署中没有考虑到人员和工作内容的准确性，也没有建立内部管理机制，使成本管理人员无法开展工作，导致成本管理体系发挥不了作用。

（四）建筑材料管理不到位

建筑材料在建筑工程开展期间占据着重要的地位，其性能直接决定了工程成本输出和经济效益的提升以及质量保证。不过从当前的成本管理工作来看，并没有加大对建筑材料采购储存和应用环节的控制力度，也没有结合实际情况制定规范性的材料管理体系，导致问题频繁出现。再加上材料储存不合理，管理流程混乱，所以材料实际应用账目不清楚，使得成本一直处于上涨的状态。

（五）没有制定健全的建筑成本管理考核体系

当前阶段，建筑企业虽然实施了建筑成本管理工作，可是该项工作具体实施情况过于表面化，负责该项项目的人员没有正确了解自身应尽的职责，建筑企业也没有制定健全的成本监督管理和考核体系，即便有少部分企业制定了各项体系，可是在执行期间效果难以发挥出来，致使建筑企业成本管理工作无法有效开展，效率下降。

三、建筑经济成本管理的优化策略分析

（一）树立先进的建筑经济成本管理理念

建筑企业在开展建筑经济成本管理工作过程中，唯有树立先进的建筑经济成本管理理念，才能保证建筑经济成本管理工作高质高效进行。因此，建筑企业需在日常工作中,加强教育和宣传,保障企业全体职工树立先进的经济成本管理理念,并增强集前瞻性、全面性和动态性特点于一身的成本管理意识。同时,建筑企业开展建筑经济成本管理时,需重视各项预防措施的制定和落实,并结合建筑市场环境的发展,不断调整各类预防措施,为高质高效开展建筑经济成本管理提供保障。除此之外,建筑经济成本管理理念需贯穿建筑工程项目建设始末,运用先进的建筑经济成本管理理念指导开展各项具体工作,并针对成本做好定期或者不定期检查工作,若发现问题则需要第一时间采取有效施进行处理,且不得忽视工程施工过程中隐形成本的控制,如变更费用、索赔等。唯有如此,才能切实提高建筑经济成本管理工作效率和水平,确保建筑企业经济效益最大化。

(二)严格招标工作,选择高质量分包队伍

可采取公开招标工作,成立专门的监督检察小组,对建筑工程招投标工作进行有效的监管,以提高招标工作的公正性,避免内部出现滥用职权、以权谋私的违规行为,同时对拟中标分包队伍的施工资质、诚信、履约能力等进行全面评估,选择具备相应的施工资质的高质量的分包队伍,严禁选择资质不达标的分包队伍,为后续建筑工程的顺利施工提供重要保障。所选择的施工单位必须是招投标中的最优方案,其资源分配需要满足于建筑施工的各项要求。及时签订书面合同,在合同中明确双方责任、权利、义务,同时施工过程中应加强对分包队伍管理,彼此之间及时交流与沟通,减少合同纠纷。高质量、高素质的施工队伍可基于公正原则实施劳务分包工作,其能够严格按照施工规章制度的要求来执行作业,可把控好施工进度,在规定时间内保质保量地竣工,可有效规避建筑施工中的成本风险。

(三)提前做好物资需求计划,加强物资集中采购管理

在建筑施工现场,应当有专门的人员进行管理,要加强对施工材料的管理,控制施工材料的采购工作,根据施工图、工程进度需要,提前做好物资需求计划、采购计划。对于钢材、防水、土工布等大宗物资,由公司统一进行集中采购,以获得最优价格,降低物资经济成本。与此同时要做好每一个施工材料的使用记录,限额发料,减少施工中材料的浪费,杜绝出现偷工减料的行为。建筑工程的物资招标文件要严格编制,详细记录每一种物资的名称、规格、型号、质量标准、计划进场时间等,评估供应商投标报价是否合理,其报价与市场价格是否相差甚远。在进行预算的时候,一定要先进行市场调查,查看施工中所需材料的市场行情,避免所制定的预算方案与实际应用误差过大。

（四）健全管理机制，优化管理体系

健全经济成本管理机制是降低企业施工成本的重要方式，要想系统而规范的操作管理建筑工程，就必须有健全的经济成本管理机制，这对经济成本管理的细化也具有重要意义。而想在原来的基础上健全经济成本管理机制，就得有专业的评估人员科学预测施工成本和预算，对每一步的成本进行详细的核算，施工成本合理、规范和全面的预算对企业成本的控制和资源的节省有重要的作用，也使得管理人员能够更加合理地调配工作人员。同时，健全的成本管理机制，工作人员对自身的工作职责更加明确，那么他们也就会更加认真负责，而不存在侥幸心理。针对建筑企业的管理体系进行分析，根据建筑工程的特点优化管理体系。首先要明确管理制度，提高成本管理的地位，加大成本管理的威慑力度，确保各个部门的协作配合。其次是需要做好分工工作，明确各个部门的主要职责，和成本管理工作相联系。

（五）完善建筑经济成本管理考核制度

在管理过程中，经济成本管理与施工企业经营、长远发展紧密联系，加强建筑经济成本管理考核，有利于更好的管理。在管理过程中，应努力加强对管理人员素质的培养，完善管理人员的管理理念，根据企业的实际发展情况调整工作方法，更好地为经济成本管理部门服务。对建筑经济成本管理考核过程中，要结合工程实际情况，制定有针对性的考核标准，结合相关的奖惩制度，从而更好地发挥建筑经济成本管理的作用。

综上所述，建筑行业作为我国国民经济的支柱性产业，对市场经济稳定、持续发展具有较大影响。因此，市场经济下的建筑企业十分重视建筑效益，则需要树立先进的建筑经济成本管理理念，构建完善的建筑经济成本管理体系等，以此有效提高建筑经济成本管理工作水平，进而推动建筑企业的稳定发展。

第七节 基于全寿命周期的建筑成本管理

近年来，我国建筑行业的发展十分迅速，同时建筑行业的过快发展对其管理也提出了更高的要求。成本管理是建筑建设管理中的重点内容，其对建筑工程的经济效益有着密切的关系，由于建筑工程涉及的内容十分复杂，工期跨度也比较大，这对其成本管理也提出了很大的考验，本节就针对基于全寿命周期的建筑成本管理进行分析，希望对其建筑成本管理工作提供帮助。

建筑全寿命周期的成本管理主要是对建筑项目整个建设生命周期内各阶段实施

成本管控的过程，其考虑的建筑时间和范围更加的长，从而实现对建筑成本综合化的管理目的。在新时期环境下，建筑企业想要得到长期可持续性的发展，就需要从全寿命周期角度来进行建筑的成本管理，并把握好各个环节中的成本管理要点，这对建筑项目经济效益也具有积极的保障意义。

一、全寿命周期的建筑成本管理概述

所谓全寿命周期，主要是从事物产生到消亡整个过程经历时间的过程。对建筑项目来说，建筑寿命全周期主要是从项目创意、建设到停产整个过程，而在建筑项目建设的全过程中都是涉及资金流动的，因此，在建筑项目全寿命周期中都需要具有良好的成本管理理念，从其项目建设各个环节考虑，进而建立出系统性和全局性的成本管理体系，从而实现对全寿命周期的建筑成本管理。根据建筑项目建设的基本程序，其建设的过程可以划分成决策阶段、设计阶段、招投标阶段、施工阶段、竣工验收阶段和运营维护阶段等，这也是全寿命周期的建筑成本管理中的要点部分。

二、基于全寿命周期的建筑成本管理要点

（一）决策阶段

在建筑项目建设中，投资决策对项目的投资行动和方案有着决定性影响，其对拟建的项目必要性以及可行性实施技术和经济的论证，并对不同的建设方案实施技术经济的比较、判断与选择。决策阶段投入资源约占到工程项目其总投入资源的1%~3%，而其对工程的总成本影响达到了80%~90%，因此一定要做好此阶段的成本控制。在进行此阶段的成本控制中，一定要遵循实事求的原则实施分析，防止项目决策存在盲目性，降低投资的风险；同时还需要加强对工程和水文地质、水源、运输、供电以及环保等项目外部的条件考察研究，为投资的估算做好有据可依；另外，还需要对同类项目进行对比，进而来结合实际情况进行项目功能的分析，在通过技术论证以及经济评价之后，来实现对最佳方案的选择，保证其技术先进和经济可靠，并以此方案为依据进行投资估算的计算。

（二）设计阶段

在项目设计阶段，一定要加强对其设计质量审查和监督，看其是够满足设计规范和要求，且保证材料与设备的选用是合理的；还要对设计取费的方法进行改进，可以在现有和工程造价相关设计收费的基础上，节约投资的提成和投资超出要扣除等方法，来转变相应设计单位以及设计人员工作理念，促进设计者选择最佳的投资方案；

在设计中还要进行限额设计的推行，也就是根据批准可行性的研究报告和投资估算的控制设计等要求，来对技术设计以及施工图的设计等工作进行严格的预算控制，且保证各专业满足其施工的功能基础上，还要按照分配投资的限额进行设计过程的控制，这样就能够保证总投资的成本在合理的范围内；另外，要对设计的变更进行严格的控制，若变更在设计阶段所发生，就只需要对图纸进行修改，是不影响其它费用的。

（三）招投标阶段

在招投标的阶段，成本控制重点主要为招标文件编制、项目合同形式和条款确定等方面。项目招标文件为评标和定标及发包人和中标人进行合同签订的基础，同时其相关的条款是工程进行结算以及造价控制的主要依据。评标的过程中，可以通过全寿命周期的综合评审法对项目的运行后成本折现以及建设成本进行考虑，同时还要通过专家评定的小组通过科学方法，根据经济、适用原则和技术先进与结构合理等要求，来对投标方案进行综合的评定，进而选择最优的方案中标。

（四）施工阶段

在建筑施工的阶段，需要对物力、人力和财力等进行大量的消耗，此阶段也是对建筑资金使用最为集中的一个阶段，同时由于施工各种资源、工程量比较大、涉及的面广、影响的因素多、施工的周期长、市场因素和政策变化等方面，也会对项目全寿命周期的成本造成一定的影响，因此这就需要重视对施工阶段的成本控制。在施工前，要对图纸实施会审，对设计中存在的错误进行及时的发现和更改；对工程变更要进行严格的控制，对其工程变更要进行认真的审核，看其是否满足合同文件以及技术的规程，还要对变更的技术可行性以及经济性等进行分析，保证其合理性，且不会对工期造成影响；同时还需要做好施工管理工作，保证施工具有良好的质量，且在施工的阶段要按照施工图的预算以及合同价格要求来进行成本的控制，来避免施工中出现浪费情况等。

（五）竣工验收阶段

在项目竣工之后，也要做好其成本的控制。首先要重视对项目价款结算实施严格的审计，其直接决定最后支付的资金数额。在进行审计的过程中，要对项目资源实施全面的分析，按照施工图实际情况，并和现场的签证、设计的变更、施工的情况以及隐蔽签证等进行有效的结合来对其进行计算和审核，重点审查是否根据图纸和合同规定来进行工作的完成，避免存在重复计算的情况，且还要保证工程变更的审批程序具有良好规范性。同时还要加快其工程竣工后财务决算的编制，按照相关规定，工程的竣工验收之后的3个月内要完成竣工财务的决算编制，来对项目总投资的情况进行反映，也便于资产进行结转以及移交。另外，还要进行项目其后评机制构建，其中项目的后评主要是对项目建设结果实施全面整体的评价，进而为后期相似项目投资决策进行参考依据的提供，其还要对项目建设中的管理、设计、代理、监理等相关的单位管理实施有效的评价，来使相关的单位提升投资控制和管理的水平，从而实现投资效益的提升。

（六）运营维护阶段

在项目的运营维护阶段，其为投资效益投资回收的重要阶段，对此阶段的成本管理主要是在保证建设项目具有良好质量以及安全情况下，来结合实际的情况计息宁给运营维护相应方案的合理制定，并通过现代经营方法以及修缮的技术，根据合同要求和规定来对已经投入应用各类的设施进行多功全面统一的管理，从而来提升其经济使用的价值。在此阶段的成本控制中，可以从其全寿命周期的角度，来对项目功能以及需求等实施全面的分析，并进行合理目标的设定，进而来实现对项目运用以及维护成本的准确核算，来实现对项目成本的有效控制。

综上所述，全寿命周期建筑成本的管理能够有效的实现对建筑成本的全面化和综合化管理，其是现阶段一种现代化的建筑成本管理方式，为了更好的实现建筑成本管理，就需要采取此种成本管理方式，来对建筑各个阶段成本进行控制，从而保证建筑质量和功能性同时，实现对经济效益的提升。

第八节　以项目为中心的建筑成本管理

作为国民经济发展的支柱性产业，建筑工程行业在国民经济发展中占据着至关重要的地位。项目是建筑工程建设的主体，为了全面提升建筑工程建设的经济效益，必须重视成本管理。研究的主要目的是为了打破传统管理模式，建立以项目为中心的成本管理模式，从而达到优化经济管理体系的目的，保证在建筑经济管理体系内充分发挥成本控制的优势。为此，在全面了解成本管理内涵的基础上，介绍了以项目为中心的成本管理模式特点，并在此基础上，探讨了以项目为中心的建筑成本管理策略，以供建筑工程成本管理研究提供借鉴与参考。

在建筑施工管理中，建筑工程项目的成本控制是极为关键的内容之一，也是企业内部经济责任的重要构成部分。企业内部经济责任制度是否能够全面落实，与成本控制实施效果密切相关。为此，明确划分"责、权、利"，是落实目标成本责任的前提，是有效控制目标成本的重要手段。基于以项目为中心的创新成本管理模式下的财务控制体系是一种全新的管理控制模式，通过完善管理方法，提高成本控制水平，最终可增加经济效益，并达到经济目标。为改善企业经营管理现状，往往需要加强企业运作的成本管理，通过控制建筑生产所用材料、人工、机械等各类费用，可以及时查漏补缺，找出问题及原因，从而最大限度降低成本。为此，笔者对以项目为中心的建筑成本管理进行研究具有重要的现实意义与指导作用。

一、成本管理的内涵

在企业生产经营管理中，成本是反映企业经营水平的一个综合性指标。为此，成本管理包括方方面面，如产品设计、工艺安排、原材料采购、技术应用等。成本管理不应是某一个部门、某一个岗位的工作，而应该是全面性的，要做到全员、全过程。基于此，在企业生产经营过程中各项成本核算、成本分析、成本决策及成本控制等都属于成本管理的内容。企业管理的核心为资金管理，而资金管理是成本管理的重点，具有重要作用。在固有管理模式下，对建筑企业而言，实施高度集中形式的资金管理具有很大优势，如可降低信息不对称产生的投资风险，保证企业资金配置率合理化。此外，还可降低融资成本，在税收上获取差别利益对待。为此，为了构建以项目为中心的新型成本管理模式，必须进一步强化原有资金管理，只有这样才能在新管理模式下有效控制各项资金。

二、以项目为中心的成本管理模式的特点

建筑工程与其他工程存在极大不同，其特点为施工周期长、涉及面广、施工复杂、控制难度大等。因此，要做好成本控制，必须构建一个完善的项目全过程成本管理系统，这也是企业盈利的核心。伴随市场经济环境的改变，原有模式下的成本管理系统已无法适应新形势，且项目成本管理涉及到整个工程建设的始终，基于此，必须重视成本管理模式的选择。建立以项目为中心的成本管理模式可满足当前发展需求，且可实现资金集中控制，其特点如下。

（一）合同过程控制

合同控制模式是指在签订合同时便要做好控制工作，即项目投标后，应及时对资金流入、流出情况进行全面审核，建立完善的资金控制制度。此外，伴随施工项目的不断推进，应控制好合同内已预测的项目施工进度、审核工程质量、做好工程验收和项目过程控制。

（二）工程过程的预算控制

项目施工管理中，要按照实际情况进行各项施工进度计划的编制，做好过程控制。在此环节，要对比分析实际经营活动和预算设定目标，从而对施工生产预算情况进行不断调整，促使项目资源配置合理化，最终达到施工生产目标，提升施工生产效率。

（三）工程过程的成本控制

工程过程成本控制与工程过程预算控制关系密切，相辅相成。要根据工程预算施工计划，合理确定工程过程的成本控制，即做好资金收支计划、劳动力配置计划、设备使用计划、材料使用计划等。在整个施工环节，要严格按照所设定的计划完成成本评估，并制定成本责任目标，从而达到有效控制成本的目的。

三、以项目为中心的成本管理实施策略

以项目为中心的成本管理模式，对企业成本管理水平具有较高要求，因此，必须采取切实可行的措施，才能保证成本管理实施效果良好。

（一）注重成本管理预测

施工项目成本事前预测分析便是施工成本预测，是事前控制的主要方法，同时，还是成本管理目标制定及成本控制核算考核的关键。为此，在制定成本预算前，应对招标文件、施工承包合同条款及内容等全面熟悉与了解，此外，结合当前市场经济现状，研究和了解人工费、材料费、机械费等价格水平，将其波动控制在合理范围内。

施工成本预测要求综合考虑合同中标价格、已确定的利润目标等，从而获取成本控制目标，在施工各道流程工艺上落实目标，降低成本。在成本预测确定之后，可根据目标成本情况进行各项目职能管理目标的分解。并将材料、质量、设备、成本等各部分管理进行有机结合，用于提升企业经济管理水平。

（二）更新成本管理理念

思想变革是一切变革的开始，想要进一步完善成本管理，解决现存资金问题，必须优化管理理念，从思想观念上实现突破。市场经济体制下，企业竞争日益激烈，采用何种成本管理理念用于成本管理工作指导不仅是一个理论需求，更具有现实意义。相比其他工程，建筑工程规模大、投资高，这就要求公路项目开始施工后，不管是施工生产、资金运作还是成本核算等具有独立性。随着经济全球化的不断深入，企业内外部环境不断变化，且向深度、广度持续扩展。在此背景下，为做好施工成本管理工作，就必须树立正确的成本管理理念，始终坚持以人为本的思想，积极主动地调

动员工的工作热情,从而全面提升经济效益。为进一步完善成本管理制度,必须改善企业治理结构,建立健全现代化企业制度。要根据企业需求,招贤纳士,为企业发展及管理注入新鲜的血液,积极吸纳专业化、新型化的管理型人才。

(三)强化成本管理控制

在整个成本管理过程中成本控制是重点,要求在成本控制中,始终坚持成本最低化原则,要采用各种手段最大限度减少施工项目成本,从而满足成本最大化目标。但要注重成本降低的可能性与合理性,不得盲目追求经济利润,偷工减料,建设"豆腐渣"工程。要尽可能挖掘降低成本的各种途径,将可能变为现实,同时,还要坚持实事求是,从实际出发,制定合理的成本管理制度及管理流程,从而满足成本最低化的合理要求。建筑工程是一个涉及面十分广泛的大型工程,要始终坚持全面成本控制原则,建立全企业、全员工、全过程的成本控制管理体系。要明确成本控制目标,落实成本控制责任,要落实到岗、落实到人。伴随施工进度的不断推进、工序流程的变化,合理控制各个阶段的成本。要根据项目施工情况,做好成本控制工作,保证资金到位,施工进度不间断地持续推进,将项目全寿命过程控制在成本管理目标之内。

(四)完善成本核算及成本考核制度

成本核算能够将施工成本计划的执行情况真实、有效地反映出现,是成本核实的一个过程。通过完善成本核算制度,可详细、准确保存项目成本核算结构,是高效开展成本核算工作的保障,是企业成本管理的要点。成本考核是成本管理的重点内容,通过制定及完善绩效考核体系,可提前设置好员工的工作内容与目标,运用合理方式,如业务指导、培训学习等,提升员工工作能力,并对员工工作绩效进行评价与奖励。此外,建立成本绩效管理考核制度,能够进一步提高企业运营管理水平,能够取得良好的社会效益与经济效益,树立良好的社会影响。特别是在成本管理中,必须进一步细化、完善管理内容,建立合理的指标体系,增强成本管理效果。

近年来,伴随城市化进程的不断加快,建筑市场竞争日益激烈,建筑工程成本管理问题已成为人们关注的热点话题。成本管理工作是一项重点工作,为提高施工经济效益,必须采取一系列科学、有效的措施降低成本。然而,在现实工作中,建筑工程管理成本控制过程中仍存有诸多问题,为此,必须充分意识到施工成本管理的作用,全面了解当前我国建筑施工成本管理的现状,建立以项目为中心的建筑成本管理模式,在此基础上采取行之有效的措施,这样才能实现经济效益最大化。

第四章 建筑施工管理

第一节 建筑施工的进度管理

圆满完成工程项目建设的任务，这是有待于我们每一个工程建设者认真探讨的问题。

一、建筑施工进度的影响因素

建筑施工项目的进度受多种因素的影响，具体包括人为因素、技术因素、资金因素、气候因素和外部环境因素，等等。但通常对进度影响最大的是人的因素。

（1）没有充分认清项目的特点与项目实现的条件。如没有做好充分的工程前期策划工作对政府资源的掌控能力不足，相关地址、文物勘察没有做好相应的前期了解等因素都是制约施工进度的主要因素。

（2）项目管理人员的失误。如项目组人员未制定有效可行的进度计划，并未按设计规范或技术要求来控制施工，造成质量、安全问题，而引起返工延误进度；从而无法在进度计划控制范围内有效的达到质检、安检的过程监督检查。

（3）施工阶段的进度管理工作不力，这会直接影响到施工项目的进度。

二、施工进度控制的影响因素

（一）人为因素的影响

建筑工程的施工与完成的时间、完成的好坏，其中最重要的就是人为因素。因为人是整个活动的主体，一切的施工安排、组织调配、合作协调等都是靠人来完成，而这些，都是影响建筑施工进度的直接因素。影响建筑工程进度的不只是施工单位，事实上，只要是与工程建设有关的单位（如政府主管部门、建设单位、勘察设计单位、物资供应单位、资金贷款单位、以及运输、通讯、消防、供电部门等），其工作进度的拖后必将对施工进度产生影响。因此，除了施工单位要组建得力的项目部，深入做好人员配置，选出组织能力强、经验足、具有计划、控制和协调意识，预见力和敏感性好的的人员做项目经理，同时应充分发挥监理的作用，利用监理的工作性质和特点，协调各工程建设单位之间的工作进度关系。

（二）工程材料、物资供应的影响

一个庞大的建设项目，需要配置大量的工程材料、构配件、施工机具和工程设备等。首先是劳动力资源的配置。人力资源配置不足或不均衡，必然影响建设项目的施工进度。其次是材料供应的影响。如果工程材料的供应不能满足工程建设需要，导致周转材料不足，使可以同时展开的工序被分段实施；当地材料资源缺乏或运输条件较差，导致主材采购供应困难；材料供应商不能如期供货等，都可能导致建设工期的延误，影响施工进度。最后还有施工机具的影响。施工机具配置过多，就会导致资源浪费，堵塞施工现场，影响工作面的展开；机具配置过少，就会造成施工效率低下，人员和材料闲置，从而影响施工进度。

（三）资金的影响

工程施工的顺利进行必须要有足够的资金作保障。建设单位资金不足或资金没有及时到位，将会影响施工单位购置工程材料、构件等的时间，影响施工单位流动资金的周转，进而拖延施工进度。施工条件的影响建筑工程的施工，对环境的依赖性很大。恶劣的气候环境，水文、地质等条件，例如台风、暴雨、疾病、电网不正常停电、不明障碍物等外在环境，都会影响施工进度。

三、开展建筑施工进度管理的具体措施

（一）加强施工组织管理

工程项目部管理层人员、工程主要技术骨干等施工核心队伍应当由具有丰富施工经验的人员所构成，为了确实保障工期目标的实现，应当努力确保本建筑工程所需要各种的人力、物资以及设备等等，从而快速组织人力、设备与材料等进场。在施工合同签署之后，本施工项目的主要管理者应当快速到位，并且积极组织实施现场调查，编制出符合工程实际需求的实施性施工组织设计方案。在此基础上，应当加强和地方、当地民众的沟通与联系，全力争取得到当地群众的理解与支持，从而为工程的顺利施工创设出较好的外部环境，确保工程施工能够顺利开展。在建筑工程项目开工之前，应当结合现场所具有的施工条件，认真安排好临时性设施，并切实加强各项施工准备工作，编制出该工程的重点与难点，并且落实好具体施工方案。在实施之前，一定要及时报请监理人员进行审核与批准，从而尽量地缩短工程施工准备环节的时间，尽力保证早进场与早开工。在施工的过程之中，应当实施标准化施工，严格依据质量标准管理

体系的要求,按照施工的进度要求,分别编制每月、每旬、每周的详细施工计划,并且合理地安排施工工序,实现平行化流水作业,从而提高施工的进度。

（二）加强施工物资管理

为确保工程项目的施工进度,每一道工序所要求的原材料、构件与配件等均应在事先就做好充分的准备,并且落实好各类物资的质检、实验、取样复试等相关工作。施工单位要按照工程进度计划之要求,建立起相应的施工物资采购计划,其中所采购材料的订货合同当中应当注明供货的时间、地点等具体条款。

（三）加强施工设备管理

施工机械设备对于工程施工效率而言具有决定性意义,将直接影响到建筑工程建设的进度。比如,塔吊管理工作就会影响到整个施工现场实施的进度。有鉴于此,包括塔吊设备基础是否稳定、塔吊安装与使用一定要有专门组织机构进行质量安全方面的鉴定,而操作人员一定要做到持上岗证进行操作。当然,施工现场的各类施工机械设备均应经过上级相关主管部门的安全检查与检验,同时,应当实施岗位责任制,做到责任到人,促使操作人员能够严格依据操作流程进行规范化作业,从而确保机械设备能够正常运行,并且确保现场人员的安全。

第二节　对建筑施工现场管理

随着我国城市化进程的推进,促进了建筑行业的发展。现如今,建筑工程的数量逐渐增多,这一方面给建筑施工单位带来了巨大的机遇,同时也造成了较大的竞争压力。而建筑施工单位要想获得进一步的发展,就需要提高自己的管理水平,因为其管理水平的高低会对其信誉产生影响,一旦现场管理效率较好,就会提高整个工程的施工质量,这样用户的满意度也会得到提高。

在实际的施工过程之中,建筑施工的技术水平决定着整个建筑工程的施工质量。因此,在现场施工技术的管理之中,首先要确保实际的施工工程技术水平的重要基础性,也要保证施工质量以及安全的重要管理工作。做好企业的施工技术管理可以进一步提升企业的工程质量,加强员工的工作积极性,提高企业的核心竞争能力。

一、现场管理的重要性分析

（一）有助于提高整个工程的施工质量

建筑工程项目的周期较长,这使得项目的施工现场管理也非常的复杂,存在着各种各样的问题，而且这些问题的处理难度较大。例如，施工器械的管理、施工人员的管理、各施工环节的有效对接等等，这些都属于现场管理的范畴。在工程施工中，如果这些问题没有得到有效地处理，就会导致其他子项目的施工也会受到影响。建筑工程项目属于一个系统性的工程，是由众多流程结合在一起，并不是独立的环节管理。

（二）有助于施工企业形象的提升

现如今，人们的生活质量有了较大的改善，这使得他们对自己的居住环境有着更高的要求。在这种背景下，人们对工程的施工质量有了更高的期待。施工单位如果重视现场管理工作的开展，协调好工程施工中各项管理工作，以提高自己的管理水平，这样整个工程的质量就会得到提升。当人们发现工程的质量符合自己的期许，他们就会对这个工程的施工单位有着好感，从而提高本企业的口碑。

（三）有助于提高工程的利润与效益

在建筑施工中，施工企业要想获得更大的利润，就需要对施工成本进行相应的控制。而要想实现这一点，就必须要重视工程的现场管理工作。因为一个良好的现场管理，能够使人力资源、物力资源等得到有效的配置，能够防止出现浪费资源的情况。

二、建筑施工现场管理优化措施

（一）完善现场管理制度

在国内建筑施工现场管理方面，普遍缺乏完整规章制度，以至于现场管理主要依靠人员临场指挥，一旦更换管理人员将重新建立管理规则，导致现场管理效果受到影响。为提高管理成效，需要对施工现场管理制度进行完善，结合工程实际情况完成施工制度的制定，做好责任的划分，保证施工方案能够有效落实。形成相对固定的、行之有效的管理制度，能够确保前后任工作的顺利延续。结合工程施工现场管理目标，还应明确施工作业流程，设立相应管理制度，对施工人员进行培训，同时加强对施工材料、设备的使用约束，使现场管理工作得以高效开展。

（二）重视质量监督检查

施工现场分布有大量材料、工具、设备，需要采用各种施工技术和方法开展作业。如果想要保证工程建设质量，就需要加强质量监督检查，确保材料质量得到严格管理，并且使施工技术方法得到科学运用。作为现场管理人员，缺乏质量意识将导致人员作业缺乏有效监督，使工程各环节施工缺乏控制，继而导致施工质量因现场管理水平低下受到影响。针对建筑工程，人员在现场管理中需要从各方面实现施工质量监督检查，保证分项分部工程建设质量，使隐蔽工程施工得到严格管理，继而避免工程后期返工问题的发生。

（三）贯彻绿色管理理念，提升施工现场管理水平

对于现今房屋建筑工程项目施工而言，营造绿色的、环保的施工现场有着非常重要的作用。针对施工现场扬尘进行喷头喷水处理；把施工废水经过适当处理达后排放至市政污水管网；对施工固体废物进行收集、分类运送当地政府指定地点集中处理；施工期间还应考虑对周边居民的影响，避免施工段产生大量的噪声影响了居民的正常生活。

（四）优化施工技术水平

管理人员在对施工技术进行管理时，应当加强管理意识，对每一个工程环节都认真对待，在设计施工图纸时，管理人员要确保图纸达到工程标准，并反复检查图纸，避免图纸出现问题延长施工进度。一旦进入到施工阶段，施工现场中的施工技术和施工设备也要通过管理人员的检查，确定工程所使用的技术设备能够顺利运行。除此之外，有关部门应当参与到工程的监督中，通过限制施工单位的不合法操作来提高工程的质量，并且政府介入能进一步加强对工程的管理力度，避免出现烂尾工程。大多数施工单位因追求一时利益而忽略了长远的发展，所以施工单位应提供给施工技术方面大量的经济支持，学习国内外优秀的施工技术，以此来保障工程质量，提高施工效率。企业高层也应重视施工技术，更多得了解先进的施工技术给工程带来的影响，新技术不仅能提高施工效率，在对环境的污染程度上也能做到最低，因此，施工单位应完善施工技术，以此提高施工质量。

（五）实施项目计划管理

在施工现场管理上，忽视成本和进度管理问题，将造成工程超期或超预算问题的发生，从而无法取得理想管理成效。为保证管理成效，需要实施项目计划管理，结合项目预算、进度计划开展现场管理工作，明确施工各阶段费用和花费的时长，制定相应项目方案计划。结合方案要求加强与各方的沟通，明确工程施工管理责任，能够按照计划对工程成本和进度进行严格控制，通过对施工现场进行动态化管理获得理想管理成效。

综上所述，在建筑施工现场管理实践中，需要依靠专业团队运用先进理论和手段

加强施工现场管理，凭借完善管理制度对现场施工作业、管理活动进行巩固提升，以保证施工现场管理成效得到保证。针对建筑工程，还应加强质量监督检查、项目计划管理，同时重视安全环保管理，使工程施工成本、安全、质量、进度、环境影响等各方面得到有效控制，继而取得理想的管理成效。

第三节　建筑施工房屋建筑管理

随着我国经济的发展，建筑工程的市场竞争形式越演越烈，建筑企业想要提高市场竞争力，在激烈的市场竞争中占有一席之地，因此，应该全面提升房屋建筑施工管理水平，针对以往管理工作中存在的问题，制定有效的管理措施，才能提升房屋建设质量，促进建筑施工行业在市场中稳定发展。文主要详细分析了房屋建筑管理，并给出创新策略。

建筑工程行业正高速发展，对工程施工质量、进度、安全和成本等的管理要求也愈来愈高，相关新技术、新工艺也不断被应用。但与之矛盾的是技术管理人员和劳动力均处于短缺状态，给现阶段工程管理带来了较大的难度，管理工作形势不容乐观。所以，施工企业必须加强优化管理方法，提升工程施工管理水平，以适应建筑工程行业快速的发展的需要。

一、房屋建筑施工建筑管理的必要性

第一，经过对施工管理方法的创新，使得建筑施工技术应用能够充分满足工程发展的需求，发挥出科学技术在建筑施工管理中的作用，可以提高建筑工程经济效益。第二，经过创新施工管理模式，完善管理体系，能够全面覆盖施工管理全过程，不留管理死角，及时地发现工程施工中的问题，确保工程各项目标的实现。第三，加强对建筑施工管理的创新，能够积极发挥出施工人员工作积极性，在确保工程施工质量、安全、进度的基础上，减少建设的成本，提升企业的社会经济效益，进而在激烈的市场竞争中获取一定优势。

二、房屋建筑施工管理存在的问题

（一）施工材料管理不够重视

为有效地保证建筑施工质量符合建设标准，必须加强对施工原材料的管理。当前，仍有少量企业或管理人员为节省建设成本，施工时偷工减料。还有些企业不是有意识的偷工减料，而是忽视材料管理，导致出现问题。比如说：进场后无人核对相关

材料规格性能,现场实际施工材料与图纸或规范要求材料不符,导致返工。在材料质量抽样调查的时候,没有严格按照有关规定实施检查,不符合建设质量要求的材料进入现场应用,势必会对整个工程项目施工质量造成直接影响。

(二)缺少风险管控意识

当下大部分相关企业对于施工过程中的潜在风险没有警觉的意识。而对于多发于建筑工程中的人才流失、财务风险、产品风险等现象,工程管理人员将其归咎于企业间的竞争。而对于这一系列现象的成因,工程管理人员并未进行深刻细致的探究。受到这种懈怠慵懒的工作态度的影响,一些施工标准的工程项目往往容易发生信誉流失、资金短缺、利益受损等现象。具体到施工管理工作当中,风险管理意识的缺失则容易导致资本流失和施工事故。

(三)监督意识不够强

由于房屋建筑施工技术管理尚未形成标准化、规范化、精细化的明确管理体系,也没有制定针对各个环节的管理细则、管理条例,导致管理过程中管理人员监督意识不强,管理方式落后。管理监督力度决定了整个施工现场是否能够按照要求严格执行相关的工作任务,若缺乏监督,施工现场就会出现各类不规范行为、违法行为,长此以往管理就流于形式,相关人员也养成了松懈、懒散的态度,更加不重视管理内容和管理标准。因此对于房屋建筑企业而言,加强监督力度是促进管理内容具体落实的基础。

(四)施工进度管理达不到预期目标

建筑施工管理是一个复杂、庞大、系统的工程项目,有着工程施工周期长、规模大、参建单位多和涉及面广,还受自然条件、技术条件复杂等不确定性因素。进度管理是施工管理中非常重要的内容,建筑工程建设项目管理的中心任务就是有效地控制建筑工程的施工进度,使其能在预定的时间内完成施工建设的要求。近几年来,建设规模迅速扩大,市场中劳动力不足是近期困扰所有施工企业的问题之一。

三、建筑施工房屋建筑管理创新的优化策略

(一)建立管理创新体系

建筑施工本身就具有一定的复杂性,这就需要在管理的时候明确部门分工,为此就需要一套具有高效管理的机构,这就要求管理者对于各部门之间的内部构架有一定的了解,细化各部门的职责,这样在施工当中各部门之间有密切的相互配合,这种

协调操作会推动高效管理。

尤其是部门内部的管理机制的完善，可以有效地调动内部管理人员的工作情绪，这在推动施工管理的发展，让其更加的契合实际要求。

（二）工程质量理念的创新体系

（1）在工程施工管理过程中，应树立"质量第一"的重要观念，管理人员应改变以往片面的管理思维，将"质量第一"的理念融入管理过程中。（2）在工程施工管理过程中，应树立"质量第一"的互联性，即工程质量控制并不是独立存在的环节，会影响施工成本、施工进度、施工材料、施工信誉等内容。这种理念的树立使工程质量管理过程可以统筹兼顾，不再具有局限性。（3）要在施工管理过程中，让施工人员明白"保质量"是维护与巩固施工单位信誉的重要基础，只有保证企业信誉才能提升施工人员的自身利益。因此，在施工现场"质量第一"理念尤为重要。

（三）技术管理创新体系

技术在施工项目当中起着关键性的作用，为此就需要改变传统的管理技术办法，让施工管理更具有实用性，为此就需要引入较为先进的管理理念和技术，但是这不是一种盲目的采用而是需要结合企业本身的特点进行选用，有些不适的地方就要进行剔除，或者是完善，对于适合的部分进行不断的强化，在这样去粗取精的过程中充分探索出适合自己企业的管理模式或者是管理技术，若是可以进行自主研发会更加的适用于本企业当中，有了很好的管理措施内容就需要进行实际的落实，为此就需要管理人员进行合理的部署。及早的应用到施工管理当中就可能会占据市场先机，这种技术保障也是为了企业能够更好的发展。

总之，要想提升建筑施工管理水平，就要进行管理创新，从管理理念、管理人才以及管理技术等方面入手，结合企业自身特点，将之落到实处，企业施工管理水平才能不断的提高，在当前市场经济激烈的竞争中，才能够立于不败之地。

第四节　建筑施工安全风险管理

改革开放以来，我国城镇化进程进一步加快，人民生活水平得到了极大的提高，社会各界对居住环境、办公环境和学习环境等的要求进一步提升，工程建设项目投资数额进一步增加，其数量急剧增加。然而，在实际工程施工过程中，各类影响因素强度在一定程度上增加了建筑施工安全风险，给工程项目的顺利完工带来了一定的阻碍。因此，对建筑施工安全风险管理与防范的进一步研究和探讨有着极其重要的理论意义和现实意义。

在经济全球化的大背景下,各行各业虽然在一定程度上得到了良好的历史发展机遇,却也面临着产业升级的重大挑战,市场竞争进一步加剧,建筑工程行业同样如此。为进一步提升我国建筑行业施工安全管理水平,切实保障建筑企业为国家经济建设和城镇发展做出重要贡献,本节在探究建筑施工安全风险影响因素的基础上,针对性地提出了建筑施工安全管理与防范的相关措施,旨在为保证我国建筑企业快速发展和降低企业施工过程中各类安全事故发生的几率带来更多的思考和启迪。

一、建筑施工安全风险成因

(一)环境因素

众所周知,建筑施工绝大部分为露天作业,且建筑产品具有体量大、一次性和固定性等重要特征,进而使建筑施工在极大程度上受工程项目所在地的环境影响,给建筑施工安全管理带来了一定的阻碍。露天作业的建筑工程项目施工不仅在极大程度上受制于当地的气候条件和自然灾害等,项目所在地的地质条件更会带来更多的安全隐患。例如,外观相似、建筑结构类同的工程建设项目往往由于软土地基和岩石地基的差异,而在施工技术、施工材料、施工工序和施工机械设备的选择上存在较大的不同。

(二)施工人员因素

工程项目安全施工在极大程度上依赖于建筑工人的专业素养和个人素质,然而在实际施工过程中,不少企业为最大限度地节约建筑成本,提升企业的经济效益和市场竞争力,常常会聘用部分没有施工经验的工人完成相应的施工工序,甚至存在为节省培训费用而让工人未经培训便上岗作业的情况,使得部分没有施工经验、没有施工技术和自身安全意识不强的施工人员进入施工现场,不仅在极大程度上增加了工程项目出现安全事故的概率,也为工程项目施工不能达到预期质量标准埋下了一定的隐患。

(三)施工企业因素

目前,部分施工企业为最大程度上追逐经济利益,往往选择将更多的人力和物力用于对工程设备的引进、技术流程的优化和高级管理人员的聘请等,试图借助施工效率的提升以缩短工程项目工期,进而提升工程建筑的整体效益。然而,施工企业往往在一定程度上忽视了施工过程中的安全投入,在员工安全教育和安全生产培训方面有所欠缺，从而导致项目施工过程中工作人员安全防范意识较差，存在未经培训便上岗、不遵守安全规章制度和违章违规作业等问题，在极大程度上增大了安全事故发生的几率。

二、建筑施工安全风险管理与防范措施

（一）建立健全各项安全制度

不同的工程施工项目所在地环境有所不同，适宜科学的安全制度也存在较大的差异。因此，为最大程度上保证工程项目施工的安全性和可靠性，施工企业应在考虑项目人力资源的基础上安排专业人员拟定相应的管理方案，最大程度上了解工程项目所在地的周边环境和水文地质情况等，提升管理方案的实用性和可操作性，并在此基础上不断完善原有的安全管理制度，最大程度上监管和把控工程项目施工过程中存在的安全风险问题，从而增强安全管理方案的适用性，避免管理制度的生搬硬套。同时，施工企业应进一步强化问责制度，保证把施工安全管理工作落实到具体的班组和个人，避免工程项目出现质量问题后互相推诿的情况。此外，建筑企业还应进一步加强对基层工作人员的安全意识教育，最大程度上使施工人员建立起自觉遵守安全制度的意识，充分发挥员工对落实风险监管机制的积极性和主动性，切实保障工程项目施工人员和施工现场的安全。

（二）提高施工人员的素质

在工程项目施工前，施工企业需要对基层施工人员和管理人员等做好安全意识教育和专业知识培训等工作，最大程度上提升工作人员对施工安全的重视度。在工程项目施工过程中，项目部可选择以老带新的制度，不仅在一定程度上提升了企业原有员工的责任感和荣誉感，更能够快速提升新员工的技术水平和专业素养，降低工程项目施工过程中的安全风险。此外，施工企业还可进一步通过施工人员持证上岗等机制加强对施工工作人员的资质检查，为督促施工人员自觉提升专业技能做出一定的贡献。

（三）提高机械设备的可靠性

建筑施工过程中，施工设备的可靠性在一定程度上直接决定了工程施工的安全性，是施工企业安全管理不容忽视的重要部分，因此，管理人员应进一步加大对机械设备的管理力度，定期对机械设备进行维修和检查，尽可能地排除工程施工过程中由于设备故障而发生安全事故的情况。此外，在工程施工前安置机械设备的过程中，

工作人员不仅应严格按照有关说明书科学合理地开展设备安装和拆卸的相关工作，更应在考虑施工现场实际情况的基础上选择恰当适宜的机械放置地点，并进一步做好相应的安全防护工作。

（四）风险自留

风险自留是项目风险管理的重要技术之一，建筑工程风险管理中的风险自留要求施工企业在项目施工前便做好相应的成本预算，留出足够的资金用于缓解施工安全事故发生带来的不良后果，最大程度上保证工程项目的顺利完工。若工程项目施工过程中未发生相应的安全事故，则此部分资金转变为项目资本的节余，进而提高施工企业的经济效益。

总之，施工企业在尽可能周全详细地了解本工程施工特点和周围环境的基础上，从人员、现场、环境等影响因素出发，制定相应的风险管理与防范措施是最大程度上降低建筑施工过程风险性的重要手段，更是项目管理者针对性地管理项目施工安全风险、保证工程项目顺利完工的重要方式。

第五节　建筑施工技术优化管理

施工技术管理是企业建设不可或缺的一部分，优化建筑施工技术管理具有重要意义。本节主要探讨了提高建筑施工技术质量管理水平的必要性和意义，以及优化施工工程施工技术质量管理水平的有效措施和方法。

建设项目施工技术管理包括文件管理，图纸审查，技术公开，人员培训，安全管理等多个方面。随着社会经济的不断发展，对城市建设的需求不断提高，为建筑企业建立了良好的发展环境。建筑工程是人们生活和工作的重要场所，具有不容忽视的意义。施工企业要全面提高自身水平，保证建设项目的施工质量，取得经济效益和社会效益。

一、施工技术管理的重要性

（一）增加经济效益

经济效益建筑施工需要大规模的成本投资与资金投入，要想通过工程建设施工获得可观的经济效益，就要科学地控制成本投入。采用科学、先进的施工技术恰好能满足这一点要求。加强施工技术管理能够对施工材料、施工项目、施工工序、施工过程等做出合理的选择与规划，使工程建设亦步亦趋地开展起来，每一个施工阶段的每一个环节都投入最小的成本,获得最可观的经济收益,也就是用最小的成本投入获得最大的收益。这样能够防止资源的浪费,达到人力、物力、财力等作用的充分发挥,控制施工建设时间,扩大施工企业的经济收益,从而获得一定的竞争实力。

(二)保证建设质量

众所周知,高质量的建筑项目需要高水平的施工技术。只有科学和先进的施工技术才能创造出高质量,高水平的建筑项目。可以说,施工技术是项目建设的硬条件和基础保障,施工项目的施工是从建筑材料中购买的。施工技术的选择和施工技术的应用需要科学技术的规范,指导和支持。只有科学,先进的施工技术才能促进项目建设的有序,规范发展,才能创造高质量的建设项目,才能创造良好的经济效益。

(三)维护施工安全

建筑施工是一项高风险的运营项目。一旦施工安全问题发生,将影响工程施工进度,影响施工的经济效益。加强施工技术管理,确保所有施工工作有序,有计划地进行,缩短施工和施工周期,保持整体工程建设的经济效益。

二、建筑施工技术优化管理措施分析

(一)加强施工原材料的管理

建设项目原材料管理属于建设项目管理的第一步,也是工程基础的保障。原材料管理主要包括建筑材料采购管理,材料适应性管理以及后期储存和使用管理。在建筑原材料采购优化管理中,要通过新技术加强对材料质量的检测和评价,保证建筑材料的质量。分析建材市场供应商,准确把握材料市场现状,分析市场、运输、保鲜等各种因素对建筑材料采购的影响。科学地计算出具成本效益的供应商;建立综合材料实验室,加强对建筑材料的适应性技术管理,结合建设项目的实际情况,制定科学的材料应用标准,施工技术参数和相关的技术管理方法等。为了确保建筑材料的所有施工要求都能达到标准;完善建筑材料的保存和使用管理技术。在这种情况下,材料经常被不合理地储存,导致材料劣化。另外虫蛀、腐烂等也将引起材料变质。因此,在材料保存过程中,应妥善保存建筑材料的特性,合理地考虑造成影响的环境因素,以减少材料的劣化。

(二)构建健全的施工技术管理制度

施工企业应建立健全施工技术管理体系,全面贯彻施工工程施工相关法律,法规和政策,严格执行相关技术标准;此外,应定期对施工队伍进行专业技术培训,提高施工人员的专业技能和综合素质,促进施工人员规范化;加强施工监督管理,严格摒弃威胁建设项目质量安全的行为。

(三)健全图纸会审体制

在建筑施工管理中,施工单位应准确清楚了掌握设计意图,保证建筑施工质量。相关管理人员应联合监理单位、设计师等,对建筑工程设计图纸进行认真的审核。若在会审中发现问题,如材料标记出现错误、施工设计未满足国家标准等,应及时采取补救措施,准确计量,做好设计变更的通知;并组织施工人员及时学习设计图纸,了解图纸,通过图纸的会审,对施工中的各种可能发生的因素进行明确,并采取相应措施进行防范。

(四)提高技术文件的管理

施工单位应科学管理与施工工程有关的各类文件,科学配置和处理施工企业的各种资源。在建设项目施工中,应结合项目的现行施工条件和组织设计图纸,及时进行合理的审查和调整。特别是对于设计图纸的详细管理,应从根本上保证施工图设计图纸的质量和合理性。如果建筑材料和设备在建筑工程中的应用发生变化,将对建筑工程的质量产生一定的影响。如果相关管理人员仅根据设计阶段提供的图纸进行管理,施工项目的质量可能会下降。建设项目施工应及时实施合理改造;另外完善竣工文件管理,建设项目施工期间产生的使用和维护价值有效反映建设项目实际情况的图像,文件资料和图像存档,科学保存。这为后续的建设项目验收,监督和审计提供了相应的科学依据和信息支持;最后,应改进对变更文件的管理。在施工期和施工质量方面,有必要在设计图纸变更前后妥善保存文件,相关数据,说明文件和试验数据。

(五)加强人力资源的管理

建筑工程质量的提高最终要以人为因素为基础,施工技术人员是施工管理的重要组成部分。施工技术方法的合理应用和施工技术的应用率都是直接影响建筑施工技术优化管理的因素。在这方面,建筑企业应注重培养综合素质的建筑,技术和管理人才,科学管理。第一,应加强对建筑工人的管理和培训,定期或不定期举办专业技术讲座。不断提高施工人员的操作技能,提高技术安全生产的思想观念。并建立严格的问责制管理,以确保所有施工技术都能得到安全实施。为了有效提高工程建设技术的应用水平;第二,提高施工人员的综合素质。在整个工程中起监督作用的施工项目管理人员是保证整个施工项目高质量的基本前提,要求施工人员不仅要有扎实的施工技术，它还应具有足够的责任感和施工技术意识的管理，对项目质量问题有一定的可预测性，及时处理现有的不足。全面降低建筑工程隐患。建设工程建设责任制的实施具有重要意义。相关技术负责人应当及时，准确地处理现场出现的问题，严格执行施工图纸中的设计内容。

建筑施工技术管理在建筑工程中起着非常重要的作用。随着市场经济体制改革的不断推进，中国建筑业也发展迅速。与此同时，建筑公司之间的行业竞争也越来越激烈，再加上同行业中强大的外国竞争者进入中国市场，使得行业形势更加严峻。因此，为了提高施工企业的竞争力，使企业在激烈的竞争中站稳脚跟，必须提高施工工程施工技术的质量管理水平。培养具有优秀能力和质量的团队，降低建设项目建设成本提高工程质量以及企业的社会经济效益。

第六节 建筑施工技术资料整理与管理

建筑工程建设中，任何环节都会产生建筑资料，而施工阶段的施工技术资料是整个资料中的核心，对施工技术资料的整理与管理是贯彻建筑施工始终的重要环节。文章具体分析了建筑施工资料的作用与价值，探究了当前管理中存在问题，并提出有效的解决措施，提升建筑施工技术资料整理与管理的水平。

建筑施工技术资料整理是指将施工过程以文字的形式记录，并整理成文档的形式；而对施工技术资料的管理则是保障资料内容全面性与真实性的有效手段，随着建筑施工水平的提升，现阶段的建筑施工技术资料已不单纯的是指纸张文字，图片、视频等都可以作为技术资料的一部分；而且保存方式也发生了变化，可以直接利用电子文档进行存储。

一、建筑施工技术资料概述

建筑施工技术资料是对施工全过程的记录，其不仅包括技术应用，还包括施工现场的各项数据，能够从一定程度上反映施工存在的问题以及评估施工质量。而且施工技术资料是施工过程中企业管理水平的直接体现，在施工过程中通过工序、管理措施、质量控制等方面资料直接反映出企业的管理水平与管理方法正确性。另外，施工技术资料还是工程维修的依据，由于其内容真实全面，工程维修环节可以直接找到相应施工内容，根据施工内容合理做出施工维修方案，避免因维修方案不合理，导致影响扩大。

由于施工技术资料对建筑工程有着重要作用，所以对施工技术资料主要有以下几项要求：一是，必须保障施工技术的真实性，施工技术资料必须以施工现场实际情况为蓝本，不能过分夸大内容，或将施工中未出现的内容记录到资料中，从而为工程后期维修、扩建等提供真实的依据。二是，必须严格按照格式进行资料填写，避免出现伪造数据、内容不详实的问题。三是，由各个部门、各个工种、各个工序、各个环节完成施工资料整理后将其上交到专门负责资料整理的部门，对资料内容进行深刻与校对，避免在归档后发现存在问题。四是，保障施工技术资料的全面性，施工技术资料应包括建筑工程基础工程施工、建筑主体结构施工、建筑装饰装修施工、成品、半成品等诸多内容，必须保障内容的全面，才能切实发挥出施工技术资料的作用。

二、建筑施工技术资料整理与管理中的问题

目前，由于施工企业对施工技术资料管理的不重视，导致很多施工资料都是在完成施工后总结的，内容的全面性无法得到保障；很多内容都是施工人员凭记忆填写，很容易出现与施工实际情况不符的问题，导致资料内容不真实。同时，施工技术资料中有些内容是施工现场通过反复试验而得出，但很多施工企业为了提升施工效率，施工试验过程不完善，导致施工技术资料也失去了意义。另外，还存在有些施工企业夸大施工资料内容，为了追求完美，将施工很多未出现环节增添到资料中，导致施工技术资料根本不是建筑施工过程的反应，从而无法发挥出施工技术资料的价值。

三、建筑施工技术资料整理与管理措施

要做到及时搜集资料。由于建筑施工环境复杂、施工事项过多，很多工程还涉及到交叉施工，所以其与施工规划上可能会出现差异，而为了保障施工技术资料的全面性，需要资料管理人员在施工过程中及时与各个施工部分取得联系，对施工现场进行全面把控，及时跟踪各个工序的进度，必须将当日完成的施工信息全部搜集到，从而及时整理资料，出现内容不明确的情况，也可以及时找到施工人员进行了解。因此，建议从项目规划环节开始，都要坚持今日事今日毕的原则，保障施工技术资料组整理进度与施工进度相符。并且施工技术资料管理人员要认识到一旦资料内容出现问题，其也会对后续资料造成影响，缺少某个环节的资料，会导致资料的不完整。

制定施工技术资料管理制度，制度主要从施工资料整理以及管理两个角度出发。整理要求必须及时、准确、全面，管理上要求工作人员认真校对资料内容，发现异常要及时处理；严格根据资料填写要求进行资料整理，禁止出现个人伪造数据信息的行为；完成资料整理后，要对资料进行归档，可以分阶段或分类型进行，归档的资料不能随时进行查看，如果各个部分发现资料中存在错误，要向上级部分申请对资料

进行更改。而且为了提升施工技术资料管理水平,资料的负责人必须明确,一旦资料出现问题,直接向负责人了解情况,并做出相应惩罚。

落实国家规范标准,保障施工技术资料的规范性。我国对施工技术资料的整理与管理有着明确的规范,并对施工技术资料的修订与补充提出了具体的格式要求,必须严格按照要求进行操作,从而才能保障资料有效的更新。

不断提高资料管理人员的能力与综合素质。资料的真实性与其全面性是对施工技术资料整理与管理最基本的要求,所以,管理人员必须具备专业的素质与能力,要对施工的基本施工技术、工程施工使用的工艺、材料鉴定等知识有所了解,能够在整理资料过程中,根据各个部门提供的资料判断资料内容的真实性与可靠性;并且明确施工工序与流程,及时发现资料中缺少的部分。

综上所述,真实、完整的施工技术资料是施工质量、施工管理水平的直接反应,也是施工维修、扩建的主要依据,为此,必须认识到施工技术资料的重要性,不断强化整理与管理能力,在开展施工技术资整理与管理工作中及时进行工作方法创新,提升工作效率与工作质量,保障资料内容充实、可靠,从而强化企业内部实力,促进企业更好更快发展。

第五章 建筑造价管理

第一节 建筑造价管理现状

城市人口的迅速增长，使城市地区对大型建筑的需求也随之变大，各地的大型建筑工程项目数不胜数。随着建筑工程变得更庞大，影响建筑工程造价的因素也变得越来越多，工程造价的管理难度变得越来越大，如何管理好建筑工程的造价，对于承包工程的一方极为重要，关系到承包方的收益。如今，越来越多的人意识到了工程造价管理工作的重要性，使这项工作成为建筑工程建设的必要工作。本研究将浅要探讨当下建筑工程造假管理的现状及展望。

一、建筑造价管理现状

（一）建筑造价管理考虑问题不周全

现在虽然有越来越多的建筑商意识到了工程造价管理的重要性，并且开始着手制定这方面工作的相关制度，但是由于之前他们对这方面的工作长期不给予重视，导致其中大部分人在这个方面缺乏经验。现在大多数建筑商制定的建筑造价管理制度并不完善，总是会出现最终结算时建筑成本与预期不一致的情况，这是由于制定制度时没有将问题考虑周全。完整的工程造价管理制度的制定应该将所有有关工程成本的各方面因素都考虑进来。最为首要的是预算好购买工程施工材料的成本、需要支付给施工人员的工资成本、使用施工机械产生的成本以及其他很多小方面的成本，其中容易出问题的部分是对其他小方面的成本预算方面。大型工程中消耗资金最集中的地方虽然主要是材料成本、人工成本和机械成本，但是其他很多小方面的成本综合起来也会消耗很大一部分资金，这些资金一般都是零零散散的用掉的，每一个数额相对来说很小，所以不太能引起建筑商的注意，比如运输成本、工人生活成本等。很多时候建筑商在预算工程的造价时，不会精细地计算这些小方面的支出，而是凭感觉给出一个大概的估计值，导致误差一般都很大，在最终比较数据就会发现有很大的出入。这个问题就是实施工程造价管理工作时考虑问题不够全面造成的。

（二）建筑造价管理没有随着市场的变化而灵活变化

由于现在很多的建筑工程越做越大，所以整个工程的施工周期也变得越来越长，从开工到竣工用的时间一般都会达到一两年甚至更久。而在当今社会市场经济的背景下，很多时候同一种商品的价格会随着时间的变化而发生较大的变化，并不会一直保持不变。并且，人力成本也会随着市场的变化而变化。这些变化对于工程的造价具有非常大的影响，如果不把市场变化因素考虑进来，而是只以当时的市场情况制定工程造价管理方案，势必会出现问题。然而，很多建筑商中掌管制定工程造价管理方案的相关部门并没有很好的市场经济思想，在对建筑工程造价进行预算时，只以当时的市场情况为准，就片面地进行预算，不把市场变化的因素考虑进去，导致得出的数据存在十分大的偏差。对建筑工程造价的管理是为了对整个工程的成本能有一个较为清晰的了解，如果工程造价的预算误差太大，就达不到本来应该有的效果，使建筑商不明不白受损失。而保证数据的尽量准确，离不开对市场变化的考虑，建筑造价管理没有随市场的变化而灵活变化，是很多建筑商在进行造价管理时出现的问题。

（三）建筑造价管理中监管工作不到位

建筑工程的造价对于建筑商从一个建筑工程中获得的利润的高低有很大影响。因为如果建筑工程的造价增大，意味着建筑商需要投入更多资金，就会减少最终的获利。而如果能够缩减建筑工程的造价，就意味着建筑商需要投入的成本变少，相对而言，就能获得更高的利润。因此，有的建筑商为了获得更高的利润，会在建筑工程造价方面下手，通过减小工程造价来获得更加可观的利润。如果在保证工程质量的前提下，通过精细化的管理缩减工程的造价，是合情合理的。但是有的建筑商被利益熏心，他们会通过材料上偷工减料、施工上压缩施工周期等不合理的方式来减少成本，不顾及偷工减料对建筑质量的影响，这就导致很多"垃圾工程"的出现。这种现象一方面是少数建筑商太贪婪导致的，但更首要是另一方面的原因，即建筑造价管理过程中缺乏有关部门的监督。

二、改善建筑工程造假管理现状的几点对策

（一）培养全方位综合考虑的意识

要想做到全面考虑建筑工程造价中的所有因素，就要有细心与耐心兼具的素质，这两种素质需要慢慢培养。一方面，相关部门可以通过借鉴国内外相关工作的经验

提升这方面的素质。另一方面,要学会总结自己工作中的不足,在每次建筑工程结束后,都需要总结出现的问题,并且找出问题的原因,这样在接下来的工作中就能有效避免类似问题的发生,使自己经验越来越丰富,工作也就做得越来越全面。培养全方位综合考虑的意识,需要不断总结相关经验,并且不断学习,不能够太过急功近利。通过这种做法,能有效防止在进行建筑造价管理时出现不全面考虑的问题。

(二) 培养市场经济的意识

对于建筑造价管理方案与市场变化不相符,造成建筑造价管理没有达到目的的问题,最好的解决办法就是让相关部门接受培训。可以让它们学习有关市场经济变化规律的知识,让他们明白市场的变化对于建筑工程造价的影响是不可忽略的。这样有助于相关部门形成市场意识,这样他们就会在制定工程造价管理制度的过程中时时刻刻考虑市场的变化,并且对方案进行灵活的调整。考虑市场因素的建筑造价管理方案能让工程造价的预算更加准确可信,与最终实际的工程造价偏差会更小,参考意义也更大。这样才能起到建筑造价管理工作应有的作用,不会导致工作白费。

(三) 监督部门增强监管力度

监管部门的监管力度不够,是建筑造价管理工作的一大不足。现在频繁出现的建筑质量问题就是监管部门监管不到位导致的。要想改变这种现状,就必须督促监管部门的工作,让他们增强监管力度,坚决严格按照要求对建筑商进行监督,防止非法缩减建筑工程成本的情况出现,不能让建筑工程的造价管理完全由建筑商说了算。这样,就可以有效保证建筑造价管理的合理性,减少问题建筑的出现。

三、建筑造价管理的展望

随着电子信息技术的飞速发展,电子信息技术已经渗透到人们日常生活和生产的各个方面。现在,几乎所有工作都能够通过应用电子信息技术而变得更加简。建筑工程造价的管理工作是一种数据处理量非常大的工作,且较为繁杂。而借助电子信息技术强大的数据处理功能,能很大程度上使建筑工程造价工作变得更加简单。所以,未来建筑工程造价的管理工作,将会由于电子信息技术的应用而变的不再那么繁杂。并且,通过电子模拟的技术,可得出建筑工程的模型,这样可以让建筑工程造价的管理工作变得形象具体,更加精细,数据也更加准确。

建筑造价管理工作是整个建筑工程工作中十分重要的部分,其意义十分巨大,因为通过这项工作,就可以在成本上可以判断一个建筑工程是否具有可行性。所以,在决定一个建筑工程是不是要建设前,首要的工作是对建筑工程的造价进行预算,这项工作是为了对建筑的成本有一个较为准确的把握。本研究对建筑工程的相关讨论以及做的相关展望，对于改善建筑造价管理工作具有一定的参考作用。

第二节 工程预算与建筑造价管理

为了能够在现阶段竞争激烈的市场中永保竞争力，提高经济效益，就必须采取一定经济措施，重视工程预算在建筑工程造价中的控制重要作用。就此，本节简要围绕工程预算在建筑造价管理中的重要作用及其相关控制措施方面展开论述，以供相关从业人员进行一定参考。

随着建筑行业不断发展，建筑工程造价预算控制作为工程建设项目的重要环节之一，对提升建筑工程整体质量发挥重要的作用，因此，做好造价预算的编制工作，培养和提升相关预算人员的综合专业素质水平，确保有效控制建筑工程整体质量，最大限度降低建筑工程项目实际运作过程中的成本。

一、建筑造价管理过程中工程预算的重要作用分析

（一）确保工程建设资金项目要素的有效应用

现代建筑工程项目建设的预算，主要构成为财务预算要素、资产预算要素、业务预算要素及筹资预算要素方面。在现阶段我国建筑施工企业中，科学合理配置相关要素，确保建筑企业现有资金的高效利用，确保企业内部所有资金项目要素应用到建筑工程项目中，最大限度减少资金要素的浪费，实现建筑工程综合性经济效益的获得。

（二）有效规范建筑工程项目的运作

做好工程预算管理控制工作，确保建筑施工企业开展高效组织活动，对工程建设项目的开发计划、招标投标、合同签订等工作的运作提供良好的技术保障。因此，工程预算管理工作的开展质量直接关系着建筑工程项目的建设实施过程，影响企业综合效益方面。

为实现建筑工程预算的控制目标，建筑工程施工企业在实际工程项目运作过程中，必须优先做好工程项目整体预算管理方案的规划工作，确保工程项目运作全过程与工程预算管理方案的数据一致性，保证工程项目实现合理控制造价成本。因此说，做好工程预算控制工作，有助于建筑工程企业获得更好地综合效益，提升企业市场的综合竞争力。

（三）推进建筑企业的经营发展

建筑工程施工企业应严格遵照自身的实际情况，规划设定发展方向和目标，全面系统地认识和理解建筑工程项目设计、施工过程中遵循的指导标准，持续不断地学习先进施工技术，在组织开展建筑项目造价管理过程中，实现基于工作指导理念的改良创新，确保建筑工程施工企业经营发展水平。

（四）确保工程造价的科学性与合理性

工程预算工作的开展对确保建筑工程造价的科学性和合理性具有重要作用，其存在主要是为建筑工程资金运作情况建立完善的档案，对投资人意向、银行贷款、后续合同订立具有积极的推动作用，从而有利于确保工程造价的科学性与合理性。

（五）进一步提高工程成本控制的有效性

对建筑工程造价进行控制管理，以工程预算为基础，围绕图纸和组织设计情况分析施工成本，从而有效控制施工中各项费用。对施工单位而言，施工中关键在于将成本控制与施工效益进行结合，确保二者间不会发生冲突，在确保施工质量的基础上控制成本，实现施工企业经济利润的最大化。

（六）提高资金利用率

基于预算执行角度，把控施工阶段和竣工阶段的资金和资源利用。以施工阶段为例，造价控制的效果和效率关系着工程项目的整体造价，因此，要注重预算把控和造价控制。在具体实践中通过构建完善的造价控制体系，实现施工阶段的资源统筹，采取工程变更控制策略，严格控制造价的变化范围。同时采取合同管理方法，从合同签订和实施全过程，加大对造价的控制，确保工程预算执行到位，减少资金挪用及浪费。

三、工程预算对建筑工程造价控制具体措施分析

（一）提高建筑工程造价控制的针对性

建筑工程造价控制工作贯穿于工程建设的全过程。在建筑工程建设过程中，善于运用工程预算提升与保障造价控制工作。利用工程预算的执行，提升工作的指向性，立足于建筑工程造价控制细节，更好地为预算目标的实现提供针对性的保障，确保建筑工程管理、施工、经济等各项工作的效率性和指向性。

此外，工程预算要利用建筑工程造价的控制平台建立有效性编制体系，将建筑工

程造价控制目标作为前提,设置和优化工程预算体系和机制,确保建筑工程造价控制工作的顺利进行。

(二)提升建筑工程造价控制的精确性

精准的工程预算是进行建筑工程造价控制的基础,是建筑工程造价控制工作顺利开展的前提。因此,强化建筑工程造价控制的质量和水平,是现阶段建筑工程造价控制工作的有效路径。提高和优化工程预算计算方法的精准性和计算结果的精确性,避免工程预算编制和计算中出现疏漏的可能;针对施工、市场和环境制定调价体系和调整系数,在确保工程预算完整性和可行性的同时,确保建筑工程造价控制工作的重要价值。

(三)健全工程造价控制体系

建筑企业利用工程预算工作对工程造价进行全过程控制,通过建筑预算管理,落实建筑工程造价控制细节,通过工程预算的执行,建立监控建筑工程造价控制工作执行体系,在体现工程预算工作独立性和可行性的同时,促使建筑工程造价控制工作构想的规范化和系统化。

(四)提高工程造价管理人员的专业素质

项目成本控制管理具有高度的专业性、知识性和适用性,也要求相关的项目成本管理人员具有高水平的专业素养,确保所有的项目成本管理人员熟练掌握自身的专业能力,在熟悉自身能力知识的基础上,对施工预算、公司规章制度等相关知识进行进一步学习,不断完善自己,保持工程造价控制的高效性,减少设计成本,提高施工阶段的质量,使工程造价具有科学性。

简而言之,建筑工程预算管理工作是企业财务管理工作的前提,提高预算工作的科学性,有利于推动建筑工程顺利完成。因此,要重视工程造价控制,应用先进的信息技术实现工程预算管理工作,推进建筑工程企业的稳定有序发展。

第三节 建筑造价管理与控制效果

介绍了建筑工程造价的主要影响要素,分析了当前建筑项目造价管理控制中存在的问题,并阐述了提升工程项目造价管理控制效果的关键性措施,从而为企业创造更多的经济效益。

进入21世纪以来,我国的社会主义市场经济持续繁荣,城市化进程明显加快。

在城市化发展过程中,建筑工程数量明显增多。如何提升建筑工程质量,在市场竞争中占据有利地位,成为各个建筑企业关注的重点问题。工程造价管理控制是企业管理的重要组成部分,也是企业发展立足的根本。为了实现建筑企业的可持续发展,必须分析工程造价的影响因素,发挥工程造价管理控制的实效性。

一、建筑工程造价的主要影响要素

(一)决策过程

国家在开展社会建设的过程中,需要开展工程审批工作,对工程建设的可行性、必要性进行分析,并综合考虑社会、人文等各个因素。在对工程项目的投资成本进行预估时,必须分析相关国家政策,把握当下建筑市场的发展规律,尽可能使工程项目符合市场需求。在对项目工程进行审阅时,需要选择可信度较高的承包商,确保项目工程的质量,避免"豆腐渣工程"的出现。

(二)设计过程

建筑工程设计直接关系着建筑工程的质量,且建筑工程设计会对工程造价产生直接性的影响。在对工程造价费用进行分析时,需要考虑人力资源成本、机械设备成本、建筑材料成本等。部分设计人员专业能力较强,设计水平较高,建筑工程设计方案科学合理,节省了较多的人力资源和物力资源;部分设计人员专业能力较差,综合素质较低,建筑工程设计方案漏洞百出,会增多建筑工程的投入成本,加大造价控制管理的难度。

(三)施工过程

建筑施工对工程造价影响重大,施工过程中的造价管理控制最为关键。建筑施工是开展工程建设的直接过程,只有降低建筑施工的成本,提高施工管理的质量,才能将造价控制管理落到实处。具体而言,需要注重以下几个要素的影响:

施工管理的影响。施工管理越高效,项目工程投入成本的使用效率越高。

设备利用的影响。设备利用效率越高,项目工程花费的成本越少。

材料的影响。材料物美价廉,项目工程造价管理控制可以发挥实效。

(四)结算过程

工程施工基本完毕后,仍然需要进行造价管理,对工程造价进行科学控制。工程结算同样是造价控制管理的重要组成部分,很多造价师忽视了结算过程,导致成本浪费问题出现,使企业出现了资金缺口。在这一过程中,造价师的个人素质、对工程建设阶段价款的计算精度，如建筑工程费、安装工程费等，都会影响工程造价管理的质量。

二、当前建筑项目造价管理控制存在的问题

（一）造价管理模式单一

在建筑造价管理的过程中，需要提高管理精度，不断调整造价管理模式。社会主义市场经济处在实时变化之中，在开展工程造价管理时，需要分析社会主义市场经济的发展变化，紧跟市场经济的形势，并对管理模式进行创新。就目前来看，我国很多企业在开展造价管理时仍然采用静态管理模式，对静态建筑工程进行造价分析，导致造价管理控制实效较差。一些造价管理者将着眼点放在工程建设后期，忽视了设计过程和施工过程中的造价管理，也对造价管理质量产生不利影响。

（二）管理人员素质较低

管理人员对项目工程的造价管理工作直接控制，其个人素质会对造价管理工作产生直接影响。在具体的工程造价管理时，管理人员面临较多问题，必须灵活使用管理方法，使自己的知识结构与时俱进。我国建筑造价管理人员的个人能力参差不齐，一些管理人员具备专业的造价管理能力，获得了相关证书，并拥有丰富的管理经验；一些管理人员不仅没有取得相关证书，而且缺乏实际管理经验。由于管理人员个人能力偏低，工程造价管理控制水平很难获得有效提升。

（三）建筑施工管理不足

对项目工程造价进行分析，可以发现建筑施工过程中的造价控制管理最为关键，因此管理人员需要将着眼点放在建筑施工中。一方面，管理人员需要对建筑图纸进行分析，要求施工人员按照建筑图纸开展各项工作。另一方面，管理人员需要发挥现代施工技术的应用价值，优化施工组织。很多管理人员没有对建筑施工过程进行预算控制，形成系统的项目管理方案，导致人力资源、物力资源分配不足，成本浪费问题严重。

（四）材料市场发展变化

我国市场经济处在不断变化之中，建筑材料的价格也呈现出较大的变化性。建筑材料价格变化与市场经济变化同步，造价管理控制人员需要避免材料价格上升对工程造价产生波动性影响。部分管理人员没有将取消的造价项目及时上报，使工程造价迅速提升。建筑材料价格在工程造价中占据重要地位，因此要对建筑材料进行

科学预算。部分企业仅仅按照材料质量档次等进行简单分类,当材料更换场地后,价格发生变化,会使工程造价产生变化。

三、提升工程项目造价管理控制效果的关键性举措

(一)决策过程

在决策过程中,即应该开展造价控制管理工作,获取与工程项目造价相关的各类信息,并对关键数据进行采集,保证数据的精确性和科学性。企业需要对建筑市场进行分析,了解工程造价的影响因素,如设备因素、物料因素等等,同时制定相应的造价管理控制方案,并结合建筑工程的施工方案、施工技术,对造价管理控制方案进行优化调整。企业需要对财务工作进行有效评价,对造价控制管理的经济评价报告进行考察,发挥其重要功能。

(二)设计过程

在设计阶段,应该对项目工程方案设计流程进行动态监测,分析项目工程实施的重要意义,并对工程造价进行具体管控。企业应该对设计方案的可行性进行分析,对设计方案的经济性进行评价。如果存在失误之处,需要对方案进行检修改进。同时,要对项目工程的投资额进行计算,实现经济控制目标。

(三)施工过程

施工过程是开展项目工程造价管理控制的重中之重,因此要制定科学的造价控制管理方案,确定造价控制管理的具体办法。企业需要对工程设计方案进行分析,确保建筑施工实际与设计方案相符合。在施工过程中,企业要对人力资源、物力资源的使用进行预算,并追踪人力资源和物力资源的流向。同时,企业应该不断优化施工技术,尽可能提高施工效率,实现各方利益的最大化。

(四)结算过程

在工程项目结算阶段,企业应该按照招标文件精神开展审计工作,对建设工程预算外的费用进行严格控制,对违约费用进行核减。一方面,企业需要对相关的竣工结算资料进行检查,如招标文件、投标文件、施工合同、竣工图纸等。另一方面,企业要查看建设工程是否验收合格,是否满足了工期要求等,并对工程量进行审核。

我国的经济社会不断发展,建筑项目工程不断增多。为了创造更多的经济效益,提升核心竞争力,企业必须优化工程造价管理和控制。

第四节　节能建筑与工程造价的管理

当前社会经济快速发展的同时，也给生态环境带去了严重的影响，在这种情况下国家强调要节能减排。建筑行业在快速的发展中，建筑就具有高能耗，所以，建筑行业进行变革是一种必然趋势，节能建筑的出现和发展受到了社会各界的关注，其对于居民居住环境的优化具有积极影响，所以，这就要加强对节能技术进行推广。但是节能建筑的造价通常也比较高，所以，要促进节能建筑的推广，提升项目效益，就需要加强造价管控，减少建设的成本，本节就分析了节能建筑与工程造价的管理控制。

建筑具有高能耗的特点，当前国内城市建筑在设计中约有超过90%的建筑未进行节能设计，很多建筑依然还是高能耗，就住宅来说，建筑中空调供暖能耗就占据国内用电总能耗的25%～30%，南方夏季和冬季是使用空调的高峰期，在南方的用电量高达全年的50%。环境污染让大气层受到了严重的破坏，近些年来国内各地夏季高温季节时间长，在空调的用电量上也是在不断的增加，南方冬季一些恶劣天气日益增加，长期如此，高能耗建筑会让国内能源受到很大的挑战。按照统计国内每年的节能建筑要是能够增长1%，就可以节约数以万计的用电量，可以有效的节省能源，所以，为了更好的推广节能建筑，就需要思考怎样有效的控制造价。

一、节能建筑与工程造价之间的关系

（一）节能建筑对于行业的主要影响

当前能源紧缺问题越来越严重，所以，怎样建立节能建筑，优化城市生态环境，就是建筑工程发展的一个重要方向。建筑行业需要将科学发展观以及建立节约型社会发展的理念进行融合，加强对节能建筑的开发，促进建筑物功能的发展。要提高建筑的使用效率以及质量，就需要采取多样化有效的措施科学的控制建筑材料，制定出最科学的施工方案，在节能环保的前提下，减少工程建设的成本。

（二）工程造价对于节能建筑的有效作用

节能建筑在施工中，工程造价就已经进行了严格的控制，要是施工方不能够全面正确的认识节能，选择材料存在不合理的情况，那么就会影响到建筑的节能性，并不能称作真正意义上的节能建筑，这样的建筑后期在各项资源方面的浪费问题也会很严重。工程造价在控制成本的基础上，还需要重视节能减排的理念，让建筑成本以及节能环保能够实现平衡。

（三）节能建筑和工程造价管理思想的变化

要想让节能建筑理念可以得到更好的推广和应用，造价工程师就需要对以往的造价管理思想进行改变，让工程造价不再限制在对建筑物成本进行控制，还需要全面的研究工程投入使用之后的成本，这样才可以让建筑物真正的做到节能，让建筑造价管理可以充分发挥出应有的作用，全面的监督管理建筑工程。

二、节能建筑与工程造价的管理控制

（一）以建筑造价管理为切入点分析建筑物节能

要促进建筑企业现代化发展，就需要注重建筑资源的选择，包含建筑使用时需要供应的各项资源。现代式建筑要求热供应、水资源以及点供应所使用的管道线路等要在墙体内部进行布置，且要让建筑物可以正常的使用，还要考虑每个地区的人们在住房方面的不同要求，在北方就需要注重建筑物内部热能供应，而要是在南方，就需要注重热水器设计，在节能建筑方面一个关键内容就是怎样科学有效的设计建筑。

第一，对于节能问题需要综合的进行分析，包括建筑技术的应用、材料应用、先进工艺和建筑设备等。在设计造价方案的过程中，工作人员需要先全面的调查研究市场情况，了解行业内的执行发展动向，要能够熟练地的使用高新技术和设备，进而对建筑造价方案进行合理的规划。需要以经济核算为中心设计造价方案，不仅需要实现建筑的节能，还需要兼顾企业的经济效益。所以，要想节约建筑中要用到的各种能源，就需要深度的思考各方面，如，建材选择、周围环境等等，虽然运用新材料可以节能，但是也需要结合实际情况，不然只会增加施工的难度，会让建筑技术成本增加，需要增加投入，影响到项目的效益。所以，这就对有关工作人员提出了较高的要求，需要确保能够及时、可靠的提供信息，为建筑节能工作的开展提供依据。除此之外，还需要构建完善的建筑造价工作管理体系，给造价管控工作的开展提供依据和规范。

（二）材料选择需要注重造价控制

在节能建筑发展中可以看到很多的亮点，比如，建筑材料的应用，在选择材料设计方面使用了稳定室内温度的同时也可以对气候进行调节的材质，这在过去是很难看到的，由于其成本较高，以及太阳能热水器的普及、多管道应用、排水技术合理化等，这些都让我们可以看到节能建筑理念的体现，在业内展会中也可以看到绿色科技的发展，比如，绿色墙面，就是由生态植物构建成的，这也被很多的建筑设计进行采用，可以给人们的生活带去更多的舒适感受。再比如，铝合金模板，在组装上比较方面，无需机械协助，系统设计简单，施工人员的操作效率高，这有利于节省人工成本。铝膜版还具有应用范围广、稳定性好、承载力高、回收价值高、低碳减排等优点，可以减少造价。

（三）构建主动控制、动态管理的造价管理体系

在节能建筑的造价管控方面，需要将这一工作渗透到建筑建设的各个环节。施工单位在施工前需要先做好预算，要主动的评估各个环节的建筑成本以及使用成本，以此为基础，合理的对工程整体的造价进行管理控制。施工单位在施工中，除了要全面的监督管理工程造价之外，还需要加强自己对于节能环保的认知，选择节能环保的新材料，引入先进的国际管理理念，让企业管理能够实现更好的发展，构建主动控制、动态管理的造价管理体系，进而让节能建筑造价管理体系可以充分发挥出作用。

（四）加强节能建筑的设计，控制成本

节能建筑的设计十分重要，需要对设计方面进行优化，进而为建筑后面的节能和造价管控奠定良好的基础。比如，在设计建筑内部热工选材方面，就需要注重减少热量的大幅度流失，避免出现供热能源没有必要的损耗，为了实现这一目标，在设计方面就需要进行优化，如，选择屋顶的材料时，需要确保热量不会从屋顶有太多的流失；在选择墙壁材料时，要基于科学的门窗设计确保室内通风换气良好的基础上，选择合理的隔热材料，在墙壁的内外选择合理的保暖或隔热材料；选择门窗的材料时，和传统的单层玻璃相比，双层真空玻璃的热量储备效果要更好。再比如，在设计内部采暖时，要确保建筑物适宜居住，就需要在设计的过程中注重考虑建筑物的朝向和地点，还有自然地理环境对建筑物采暖的影响等，进而合理的设计，让建筑物内可以有效的导热和散热，对室内热量储备进行自主调节，减少对空调等的使用，节省能耗，也可以减少成本。

（五）加强施工阶段的造价管控

施工阶段是工程建设中非常重要的一个环节，也是成本最高的一个环节，所以，这就更加需要注重对造价进行管理控制。在施工环节，就是在施工中实际检验企业的造价方案，要是有问题，就需要第一时间解决，并且要进行反思，吸取经验教训，对自己的体制进行健全。企业需要主动响应国家的号召，依据国家基本政策要求，推行

节能环保理念，引进新的工艺，节省能源，保护好环境。在施工中设计人员需要强化自身专业节能的探究，不断提升自己的素质，加强节能环保的意识，且要坚持学习先进的管理理念，要结合实际环境情况制定相适应的施工方案。

综上所述，节能建筑是当前建筑行业发展的一个重要趋势，其符合经济效益以及可持续发展的要求，能够对居住环境进行优化，促进人们生活质量的提升，有效的利用资源。所以，为了促进节能建筑的发展，让建筑物实现真正意义上的节能，就需要在落实环保节能理念的同时，注重对造价进行管理控制，采取有效的措施，提升造价管控效果。

第五节 建筑造价管理系统的设计

一项建筑工程项目的管理工作具有十分重要的地位，而工程造价全过程动态控制工作是管理工作的重要内容，其可以影响整个建筑工程质量的高低以及进度的快慢。工程造价全过程动态控制工作又称作工程造价全程管理，其对于一个工程的整个过程都有着一定程度的影响，建筑工程的最初筹建但后期的结束以及建筑工程的质量检测，这一过程都离不开全过程工程造价管理工作，因为科学的落实造价全过程，可以确保整个建筑工程的最终利益。

随着我国经济水平的快速提升，我国的各个行业都在不断发展、发现新的管理体制，21世纪是网络化的时代，因而网络信息化管理体制成为了我国众多领域的首选管理方法。该管理体制通过对大量数据的记录与分析，以达到有效的管理目的。而在建筑工程造价过程中，应用云计算系统对整个过程进行管理，已经成为了建筑领域的主流。主要通过建立建筑工程造价系统，保证该系统能够全面适应造价管理机制，从而有利于造价监督管理的高效化和智能化，以此促进建筑行业的健康发展。本系统将计算机的特性高效利用，建立与建筑造价活动相关的资料信息系统，为建筑工程提供准确的工程造价服务。受我国经济的高速发展以及经济全球化的发展等因素的影响，导致我国建筑企业受到深远影响，大部分建筑企业开始加大对建筑工程造价全过程动态控制的重视程度，建筑工程在开展工作时相较于以前明显管理水平得到了提升，同时促进了建筑企业的进一步的发展。

一、管理信息系统概述

随着我国信息技术的不断发展，建筑工程的管理信息系统的定义也随之不断更新。目前，将管理信息系统分为两部分，分别是人和计算机（或智能终端）。管理信息又分为六个部分组成，分别是信息收集、信息传播、信息处理、信息储存、信息维持、信息应用。管理信息系统属于交叉学科，具有综合性的特点，该学科组成包括：计算机语言、数据库、管理学等。各种管理体制都离不开一项重要的资源，那就是信息，有质量的决策是决定管理工作优劣的重要调件，而决策是否正确取决于信息的质量，信息质量越高决策的准确率越高，因此，确保信息处理的有效性是关键的一部。

二、系统目标分析

每一个管理系统都有一个特定的功能目标，其目标具体指管理系统能够处理的业务以及完成后的业务质量。建筑工程造价系统可以通过图片、录像、文件、数据等方式来观察工程的进展情况，主要反映工程的质量、安全性以及工程成本。同时可以随时观察建筑工程完成程度、工程款的支出与收入情况、外来投资的使用情况等。建立有效完整的统计分析功能，以此方便建筑公司对基层建筑项目全方位的分析，进而通过比较分析工程的需要。另外，还能后通过工程造价管理平台计划，能够体现出计划与实际的差距，有利于后面工程的执行。配合构建合理的报表体系，该报表要确保符合国家相关部门的要求，同时符合建筑公司对业务管理的需求。建筑公司的各个部门均要严格按照要求制定报表，这样可以有效的减轻报表统计的工作量。

三、系统构架、功能结构设计

建筑造价管理系统的核心是数据库，任何一个工程处理逻辑均需要数据库做辅助，因此该管理系统中数据库有着不可替代的地位。其中，多个数据进行操作过程可以对应一个处理逻辑。为了稳定系统的性能，需要将系统的各项业务进行合理的分离处理，每一个业务活动都有与之相对应的模块，众多业务模块中，任何一个发生变化都会影响其他业务，系统设计时要将系统的扩展性考虑在内，这样能够减轻软件维护的工作量。系统的功能结构主要包括三个部分，分别是工程信息模块、工程模板模块、招标报价模块。首先，工程信息模块内容主要有项目信息、项目分项信息等。而资料中未提到的项目，应该根据实际情况做出相应的补充。工程模板模块的主要功能是，根据不同建筑工程的信息选择最适宜的造价估算模板。模板必须通过审核才能够被应用。最后，招标报价模块内容有，器材费、材料费、项目费用等。其主要功能有定期查询工程已使用材料的价格单、维护价格库、制定新建工程项目的报价单等。

综上所述，归根结底可以看出一项建筑工程的成功完成，永远离不开工程造价全过程动态控制分析管理工作的有效进行，其在保证最大经济效益的同时还能确保施工进度的完成速度。从建筑工程施工的最初计划指导到施工全过程的合理安排，都应严格根据已经落实制度进行施工，保证其科学性、安全性以及有效性，提高工作的效率，通过一系列的手段来达到高质量建筑工程的目的。

建筑工程施工活动需要有科学的管理体系作为支撑，在应用新型管理平台时，必须要兼顾多个管理项目，包括人员、资金以及其他物质资源等。管理者应当通过造价管理系统来全面地落实造价管理工作，不同工程的资金消耗情况不同，具体设定的工程造价也存有差异性，本节结合现代造价管理需求，探讨设计造价管理系统的方法。

计算机技术在工程管理环节中发挥的作用越来越多重要，在很多管理环节中，造价管理系统都可以发挥作用，科学的管理平台可以满足一些基础性的工程管理需求。针对当前的工程造价管理活动之中存在的问题，可以利用更多科学技术手段与数据资源来建设符合造价管理需求的综合化管控平台，管理者也要有意识地使用新的信息工具来辅助造价管控工作，本节提出设计新型造价管理系统的方法，并分析系统在工程结算等环节中的使用效果。

基于系统的需求的分析，建筑造价管理系统中，项目部、财务部、采购部、设计部、施工部等都是通过浏览器方式进行操作的即系统采用B/S模式。这些部在行政上既是相互独立的又是逻辑上的统一整体，都是为工程建设服务。用户管理子系统主要是用来管理参与建筑工程项目的所有人员信息，包括添加用户、修改用户信息、为不同的用户设置权限，当用户离开该工程项目后，删除用户。造价管理子系统主要是对工程建设中的资金进行管理，包括进度款审批、施工进度统计、工程资金计划管理、材料计划审批、预结算审核、造价分析等。工程信息管理子系统主要是对工程信息进行管理，包括工程项目的添加、修改、删除、项目划分、工程量统计等。

材料设备管理子系统主要是对工程所需要的材料和设备进行管理，包括采购计划的编写、招标管理、采购合同管理、材料的入库登记和出库登记。实体ER图是一种概念模型，是现实世界到机器世界的一个中间层，用于对信息世界的建模，是数据库设计者进行数据库设计的有利工具，也是数据库开发人员和用户之间进行交流的语言，因此概念模型一方面应该具有较强的表达能力，能够方便直接的表达并运用各种语义知识，另一方面它还应简单清晰并易于用户理解依据业务流程和功能模块进行分析，系统存在的主要实体有：用户实体、工程信息实体、分项工程实体、设备材料实体、定额实体、工程造价实体、工程合同实体等。

随着计算机技术及网络技术的迅猛发展,信息管理越来越方便、成熟,建筑工程信息管理也逐渐使用计算机代替纸质材料,并得到了推广和发展。本建筑造价管理系统采用当前流行的B/S模式进行开发,并结合了Internet/Intranet技术。系统的软件开发平台是成熟可行的。硬件方面,计算机处理速度越来越快,内存越来越高,可靠性越来越好,硬件平台也完全能满足此系统的要求。

建筑造价管理系统广泛应用于建筑造价管理当中,可以有效的控制造价成本,降低投资,为施工企业带来极大的利益收获。在控制施工进度和质量的前提下,确保工程造价得到合理有效的控制。从而实现施工企业的经济效益。本系统发经费成本较低,只需少量的经费就可以完成并实现,并且本系统实施后可以降低工程造价的人工成本,保证数据的正确性和及时更新,数据资源共享,提高工作效率,有助于工程造价实现网络化、信息化管理。建筑造价管理系统主要是对各种数据和价格进行管理,避免大量繁琐容易出错的数据处理工作,这样方便统计和计算,系统中更多的是增删查改的操作,对于使用者的技术要求比较低,只需要掌握文本的输入,数据的编辑即可,因此操作起来也是可行的。

四、工程造价管理系统分析

(一)建筑工程招投标环节

在进入到建筑工程的招投标阶段中之后,需要进行招标报价活动,利用造价管理系统来完成这一环节中的造价管控任务,招标人需要在设定招标文件之后,严谨检查招标文件,注意各个条款存在的细节问题,确认造价信息后需开启造价控制工作,为后续的造价控制工作提供依据,将工程相关的预算定额信息、各个阶段的工程量清单与施工图纸等核心信息都输入到造价管理平台中。

工程量清单的内容必须保持清晰明确,同时每一个工程活动的负责人都必须认真完成报价与计价的工作,具体的投标报价需要符合工程的实际建设状况,考虑到工程资金的正常使用需求的同时,还必须对市场环境下的工程价格进行考量,参考市场价格信息,工作人员还必须编制其他与工程造价相关的文件。

(二)建筑施工环节

施工环节是控制工程造价的重点环节,在前一个造价控制环节中,一些造价设定问题被解决,施工单位能够获取更加科学的造价控制工作方案,按照方案中具体的要求来展开控制工程成本的工作即可,但是实际施工环节中仍旧会产生一系列的造价控制问题,主要是受到了具体施工活动的影响,当施工环境的情况与工程方案设计产生冲突之后，工程的成本消耗会出现变动，工程造价也随之出现变化，因此这一建设阶段的造价控制工作必须要被充分重视。使用造价管理系统来核对实际的工程建设情况，是否符合预设的造价数值，一旦需要增加或者减少工程量，需要先向上级部分申请，确定通过审核之后，才可真正地对工程量进行调整，并且需要清晰记录造价变动情况，确定签证量信息，在后期验收环节中，还必须注意对项目名称进行反映，形成完整的综合单价信息之后，将其向造价管理平台中输送，出现信息不精准的情况之后，要联系相应的施工负责人，确定造价失控情况形成的原因，避免出现结算纠纷的问题，新型造价控制方法的优势体现在其具有的动态化特点，当实际的工程情况出现变化之后，可以在平台中随时修改数据。

（三）竣工结算环节

造价管理平台在最终的项目结算环节中也可以辅助造价控制工作，管理者可以直接字平台上对工程量数据进行对比，确定签订合同、招投标以及施工工程中的造价信息是否可以保持一致，验证造价管理工作的开展效果，将造价管理的水平提升到更高的层次上。

新型造价管理平台支持更多与造价相关的操作，一些既有的造价控制问题也被解决，工作人员可以使用新型信息化工具来调用造价数据库，增强控制工程造价的力度，综合造价管理水平被提升，多个环节中难以消除的造价管理问题被化解，工程资金损耗也被减少。

造价管理是当前大型建筑工程中的重点管理任务之一，建筑工程需要创造的效益有很多种，建设方的工程建设理念发生改变之后，工程建设工作的整体难度也被提升，因此一些新型技术手段必须在工程管理环节发挥作用。本节重点针对造价管理这部分需求，设计了可使用的管理平台，工程人员必须要参考正常造价以及成本管理任务来完善平台内部系统，以此保障依托于信息化科技的造价管理平台可被正常使用。

第六章　建筑安全防控的基本理论

第一节　建筑工程安全质量

在我国社会经济以及科学技术不断发展的条件下，人类自我认知正在逐渐增强，所以越来越关注安全生产问题。而建筑工程建设行业属于危险性以及事故发生率均非常高的行业，工程施工中存在多种干扰因素，其中主要有危险源比较多、工期比较紧以及作业环境比较恶劣等。而保证建筑工程施工安全不仅能够给建筑工程建设质量带来一定的保障，同时还可以有效控制工程成本。本节从工程施工安全、施工质量以及成本控制方面出发，希望能对读者有所帮助。

在建筑工程建设过程中，最关键的一个环节就是施工环节，实际施工过程中，应该严格依据工程设计图纸来完成各个施工环节，同时应该严格把关建筑工程所有环节的安全问题，通过保证施工安全以及建筑工程功能质量的手段来对工程成本进行有效的控制，尽量达到投入最少工程成本获得高质量建筑产品的目标。而如果在建筑工程施工过程中没有注意安全问题，就很容易产生安全事故，不仅给施工人员的生命安全带来了威胁，同时也会使得工程成本增加，损害到建设单位的经济效益以及社会效益。所以，保障建筑工程施工安全以及建设质量是非常重要的。

一、建筑工程建设目标

（一）成本目标

所有比较优秀的建筑工程项目经理人，都一定懂得怎么控制项目成本，由于工作建设最终应该获得经济利益，如果脱离了该原动力，所有都是空谈。对建筑企业而言，如果施工利润率减小，同时工程合同工期延长长，一定会降低企业经济利益，增加建设成本，因此达到成本目标对建筑工程建设企业的现实意义非常大。

（二）质量目标

工程控制的目标是在最短工期之内，投入最低成本，获得最高质量建筑工程。而工程质量越高，实际施工中进行的检验工序就会变多，从而影响到进度；质量越高，施工人员素质也应该越高，花费的费用以及成本就会提升，对工程质量进行严格的控制能够减少或者是避免出现工程返工现象，从而确保工程建设质量以及进度。同时还能够降低工程维护费用，从而提升企业整体效益；对工程成本进行严格的控制，能够防止工程费用超支，保证资金依据计划供应，进而确保工程进度以及质量，如果工程进度越快，那投入的人力以及物力就会相应增多。在条件限制的状况下，就可引发窝工现象，导致费用增加。

二、建筑工程成本和安全质量之间的关系

（一）工程安全以及建筑成本之间的关系

我国和生产相关的基本政策之一就是安全生产，社会各个行业都必须严格执行，特别是我国建筑业，目前正处于一个飞速发展阶段，其首要任务是在建筑工程施工中解决安全问题。工程施工过程中，应该应用相关技术以及管理措施，避免施工人员出现安全问题和设备出现损坏现象，建立施工安全具体控制制度。并且应该对工程建设人员开展安全教育培训活动，增强施工人员所具有的安全意识，对给施工安全带来影响的外界因素进行综合考虑，保证整个施工过程具有足够的安全性。

实际施工中，应该重视施工安全管理，采取配套措施和制定具体安全管理制度，会无形中增加大企业成本投入，从而间接导致建筑成本提升。因此，当建筑工程施工单位对施工安全部署进行组织的时候，应该增强施工人员所具有的安全预防意识，工程施工单位应该对安全生产进行严格的管理，同时需要配套构建安全施工具体责任制度，通过先进科学技术，对工程施工条件进行不断的改进，此外，应该对工程施工单位里面的各级领导和相关施工人员开展安全教育以及质量安全控制培训活动。工程施工监理人员还应该对施工中的各种不安全因素进行排查，利用有效方法对施工环境进行不断的改善，保证建筑工程具有足够的安全性。严格进行施工安全管理同时有效综合工程质量以及安全控制，有效控制施工人员、材料以及设备等方面，从工程施工开始阶段就应该对工程成本进行全过程控制管理，以确保施工质量安全为基础，合理安排以及控制建筑工程施工，以此来有效减少建筑成本投入，提升建筑施工企业所具有的市场竞争力。

（二）工程质量与成本之间的关系

建筑工程实际施工中，一定要对工程质量以及建筑成本之间的关系进行科学合理地处理。协调建筑工程质量以及成本可以在确保工程建设质量的同时有效减小建筑成本投入，加大施工质量实际管理力度，对施工全过程进行合理的质量管理，增强

项目参与人员所具有的成本控制意识、责任感以及质量控制意识,持续提升其管理以及操作技能,从而实现协调工程质量和成本的目的。

1. 质量目标和建设成本间的影响

对建筑工程来说,其具有时效性,一定要在规定的时间里面完成。部分工程单位为了获得高额利润,采购的施工材料成本也比价低,有的甚至采购未达标材料。实际施工中出现偷工减料行为,给工程建设质量带来了非常大的安全隐患,同时对企业形象以及名誉造成了严重的影响若在实际施工中掺杂伪劣材料,在工程质检阶段就因为质量不合格给被返工,有的甚至停工,造成不必发生的损失。

2. 成本目标以及建设质量之间的联系

工程质量以及成本之间具有对立统一的关系,因此工程成本控制以及建筑质量之间也有这样的关系。如果提升工程建设质量相关要求,工程施工单位就会投入更多的时间以及成本,在一定范围里面,质量目标以及成本控制之间呈反比。如果工作量确定,降低建设成本投入,工程质量水平也会随之降低,否则就会升高。若对工程成本进行合理地规划,不仅可以减短工期,还可以确保工程建设质量,采取合理的手段提升工程质量可以减少发生的返工现象,从而在确保工程建设质量的同时,还可以降低成本投入。

3. 协调好成本控制以及质量目标

建设建筑工程的时候,任何一个因素改变都会对其他因素的变化造成影响,特别是工程目标成本以及目标质量,两者具有相互影响的关系。协调好工程质量以及建筑成本的关系,发现它们的最佳契合点实际施工开始前,需要依据工程特点,逐项分解工程质量目标,再和施工直接负责人一起签订质量目标具体责任书,建立质量一票否决具体制度。同时还应该提升项目参与者所具有的技术水平,增强质量第一意识,有效提升其施工技术以及操作技能水平,以此来实现科学合理降低造价的目标。

三、提升建筑工程质量安全管理以及有效控制成本的具体措施

(一)严格进行监督,增强执行力度

施工设备能够依据规定程序运行,可实施建筑工程的时候,参与执行者为施工队伍,人员执行力、能力以及思想觉悟存在差异性,所以一定要对人员、施工过程等进行严格的监督,同时不断提升技术人员所具有的执行力,此外,还应该提升其团队合作意识,从而从根本上保证工程质量。

（二）对工程质量具体安全管理制度进行完善

构建比较完善的工程质量具体管理制度，比如，提升实际施工的规范以及标准，严格要求所有施工细节，制定精益求精的准则，从而确保施工质量；规定具体奖惩标准，对增强工作人员工作积极性非常有利，提升工程施工效率，保证施工进度。工程建设过程中，应该将安全置于首要地位，因为其关乎施工者生命健康和财产安全权，同时会对工程施工效率与施工质量带来严重的影响。

（三）加大施工原材料实际监管力度

采购建筑工程施工材料前，相关采购人员应该对施工所需原材料用途、种类和具体进行详细的了解，保证采购材料具有准确性。实际采购过程中，相关采购人员应该全面掌握市场材料价格，比较货价，采购性价比最优的施工原材料，以此来保证建设工程质量。此外，采购时还应该注意材料产家具体信息，如出厂证明以及合格证明等。

（四）从成本上对工程质量进行控制

工程质量以及建设成本存在直接的联系，可它们关系又属于对立关系，因此对很多施工管理者来说，部分高质量工程就代表着高成本，此外，部分管理者因为严格控制成本投入而忽视了建筑工程质量，以上这些现象均会对工程质量造成严重的影响。确保工程质量，有效控制成本投入，提升企业经济效益的一种最好方法就是对现场管理制度进行不断的优化同时提升工程管理水平。提升工程质量可以提升企业信誉度，这样施工企业才可以承接越来越多的建筑工程，达到良性循环发展的目的。

（五）施工队伍所承担的质量责任

优质的建筑工程施工队伍一定具备很强的质量责任感，因此，承接工程前，应该准确预测以及判断施工队伍的实际水平。施工队伍也应该明确认识自身具体许可范围以及具有的施工能力，量力而行，不可以违规承揽不再自己资质范围之内的相关业务，同时施工队伍应该构建比较完善的管理系统体制，从而确保施工队伍具有完整性以及稳定性，并且整个施工过程具有连续性。

因为建筑工程工序非常多，并且协作面比较广，所以，怎样合理组织人员，进行相互协调，通过最小成本投入获得高质量，并且安全生产的建筑工程是一个突出的问题。所以，一定要明确建筑工程安全质量以及成本控制之间的关系，采取有效的措施协调安全质量与工程成本控制工作，最终提升工程建设企业所获得的综合效益。

第二节　建筑工程安全文明施工

在我国，建筑行业已经成为重要的经济组成部分，但是由于建筑行业本身是一种劳动密集型的行业，因此在施工过程中，需要加强对建筑场地的安全措施，进行安全文明施工，最大限度地保障人们的生命财产安全，促进社会的稳定发展，在施工中提倡文明安全生产能够大大提高施工企业的形象，保证施工能够顺利进行。因此，在建筑工程安全文明施工管理中，需要根据建设人员的管理经验进行深入研究，促进我国建筑行业的不断发展。

一、加强施工人员管理及教育

班组各施工人员大都为务农出身，普遍素质较低，安全意识淡薄。应加强对施工人员的三级教育，认真贯彻行业标准、企业标准及项目部标准。上岗前应由专职安全员对施工人员进行教育，交代在操作中的注意事项，避免因疏忽造成的危险。也可在生活区开设民工学校，定期对农民工进行行业培训，规范操作流程。对于项目部管理人员，应认真学习行业新工艺、新规范、与时俱进，服从项目经理的安排，多倾听各施工班组人员的心声，做到面面俱到。所有人员进入工地必须戴好安全帽，对于登高作业人员，应佩戴五点式安全带。在施工过程中，需要使用用电器具时，必须向专职安全员开具动火证。定期开展安全、质量检查活动，对存在的安全、质量问题及时整改到位。对优秀的施工班组和管理人员要奖励，对于屡教不改，野蛮施工的班组和管理人员要做出处罚，并对其问题督促整改到位。由于施工现场人员良莠不齐，材料和施工器具密集，还应定期进行全员消防演练，有助于提高施工人员的安全意识和遇到紧急情况下处理问题的应变能力。安全事故屡见不鲜，其中有部分原因是由酒后上岗施工造成的，工地应全面实行"禁酒令"，对酒后上岗人员做出直接开除的处罚，杜绝因酒后上岗造成安全事故的惨痛代价。

二、施工现场的形象

在工地门口显眼的位置设置"五牌一图"，便于明确工程概况和各方职责。工地门口处设置洗车池及专业清洗装置，防止施工现场的泥沙二次带入到马路上。也可在合理位置放置铁锹、斩斧、灭火沙、灭火器、水带等消防器材，便于在突发状况下能及时利用。市区施工时，应设置2.2米的临时围挡，禁止无关人员进入到施工现场。施工现场道路需硬化。土方开挖后，余土用网布覆盖，现场可安装喷淋装置，使扬尘得以控制。在合理、方便的位置设置吸烟点和茶水亭，建议在吸烟点集中吸烟，禁止在易燃材料附近施工时吸烟。各操作棚合理安排好位置，材料有序地堆放，对于不用的废料及时清运。各通道口严格按照规范进行防护，顶棚实行两道防护，间距为0.8米一道，并覆盖竹芭。在外架、楼梯口、通道口显眼位置，悬挂、张贴安全标语、标识，有利于提升施工现场整体形象和告知各施工人员应该注意的安全问题。配电箱及大型用电器具必须接地，并备好灭火器，做好防雨水措施，严格按照"一漏一闸"的要求，禁止多个用电设备接入到一个漏保下。对于一个部位施工完毕后，要做到"工完料尽，场地清"，避免二次施工。各临边洞口加以围护，防止跌落事故的发生。

三、专业技术人员的验算

各分部分项工程施工前，需由总工程师制定出专项技术方案，对于难度较大的项目，还需制定出施工组织设计。在施工前，应由总工程师和专职安全员进行技术交底，提前告知施工人员在施工过程中应注意的安全事项及技术难点，保证施工顺利进行。如遇到高度大于8米的高支模，还需由3名经验丰富的工程师进行专家论证，降低在施工过程中不可预见性造成的困难。建筑工程施工过程中，有不少承重架倒塌发生安全事故的案例。承重架的搭设在整个主体结构施工过程中最为重要，也是施工节点较多的一个过程。在承重架搭设前，总工程师应出具承重架搭设的专项技术方案，施工人员严格按照方案上立杆的间距、步距规范施工。施工过程中，专职安全员对承重架整体情况进行动态巡查，对扣件螺帽的松紧程度用扭力扳手进行测量，严格按照规范施工。近年来，建筑工程安全事故频发，不少是因为麻痹大意造成的。不少人认为基础完工，已经万事大吉，导致在后续施工中的大意而造成的事故。据报道，上海的一个工程项目中，在一幢已经结顶的住宅附近，进行了基础大开挖，挖出的土大面积的堆放在住宅一侧，最后导致住宅失稳倒塌。工地无小事，可能因为一个不经意的举动，都会造成事故的发生，各施工人员还需提高警惕，科学、合理的施工。

四、生活区的居住条件

为了让施工人员更好、全身心地投入到工作，生活区的住宿条件也要满足要求。生活区的设置须与施工现场独立分开。并合理地设置淋浴区、洗漱区和厕所。食堂符合干净、卫生的要求，配备餐具消毒柜和灭蝇灯。因生活区人员居住密集，还需设置消防通道，每个房间门口放置灭火器，保证在突发状况下可以随时应急。每个房间必须限电流，不允许在房间使用大功率用电设备，以免不规范使用而造成火灾。每个房间宜居住4~6人，保证人员居住的舒适性。有条件的话，也可在生活区设置

KTV、运动房等娱乐设施，可以让施工人员在一天劳累之后，放松一下心情。

建筑工程安全文明施工关乎企业的品牌形象，树立安全文明施工的责任心意识，有利于企业的长远发展和个人能力的提升！

第三节 建筑工程安全效益探究

现阶段我国的建筑行业得到了蓬勃发展，建筑工程施工中要充分考虑到安全效益，这也是建筑企业在市场中占据优势发展地位的重要保障。基于此，本节主要对建筑工程安全效益的特性以及主要的类型加以分析，然后对建筑工程安全效益影响因素和具体的保障措施详细探究，希望能通过此次理论研究，有助于建筑企业安全效益的保障。

随着我国经济的迅速发展，建筑行业在其中起到了重要促进作用。建筑工程项目实施过程中，安全管理一直都是比较关键的部分，保障了施工的安全性，才能带来更大的效益。传统建筑施工中的安全效益考虑没有充分化，而面对当前的社会发展，建筑企业就要对安全效益的问题充分重要，以此来提高自身的市场竞争力。

一、建筑工程安全效益的特性以及主要的类型分析

（一）建筑工程安全效益的特性分析

建筑工程安全效益的多效性特性比较鲜明，安全效益的多效性对技术功能的正常性作用发挥提供了支持，从而促进了建筑工程项目施工的顺利实施。安全效益的特性中的安全性，也是最为基础的特性，能保障施工人员自身的安全，对工程施工的效率提高得到了保障。安全效益的价值体现在事故发生后才能够看到，在经过了对比之后就能得知安全效益的大小。安全效益的体现是施工人员的伤亡率降低，造成的财产损失降低，保障了建筑工程施工的安全性。

（二）建筑工程安全效益主要的类型

建筑工程的安全效益内容是多样的，有直接效益和间接效益。从直接效益内容上来看，主要就是在施工中减少伤亡率以及财产损失来体现的。间接的效益则是对施工人员的生理和心理素质的提高，对整体的工程施工效益起到了增值的作用。将建筑工程安全效益按照性质进行归类，就有着经济和非经济效益以及社会和企业安全效益。建筑工程安全效益是对劳动条件的保障和对经济增值的保障，对建筑施工企业的安全管理水平得以提高。

二、建筑工程安全效益影响因素和具体的保障措施

（一）建筑工程安全效益影响因素分析

影响建筑工程安全效益的因素比较多，其中决策者的意识是对安全效益有着影响的，安全投入有着潜在性以及滞后性等特征，所以在安全投入方面常常得不到重视，有的建筑施工企业为了获得更大的利益，在安全方面就没有重视，没有注重安全投入的重要性。决策者自身的认知水平对安全效益的影响也比较大，其收集到的信息以及对影响因素的判断等，都会直接影响到安全效益。

建筑工程安全效益的影响因素还体现在经济层面，经济水平对安全投入的相对和绝对量有着影响。经济水平比较落后的时期，在安全投入方面就相对比较少，经济水平的提高以及科学技术的提高，在安全投入方面的投入量也会加大。经济因素对建筑工程安全效益的影响是比较突出的，只有将经济水平有效提高，才能真正有助于安全投入的加大。

影响安全效益的因素还有决策程序规范合理化因素。安全投入的决策中，如果不能有效保障程序的合理规范化，就必然会对安全效益有着很大的影响。只有构建规范化的安全投入决策，才能有利于建筑工程安全效益的提高。在这些层面的因素上加强重视，保障安全效益的提高，对建筑工程的良好发展才比较有利。

（二）建筑工程安全效益保障措施

建筑工程安全效益的保障措施实施，要主要方法的科学应用，安全效益的构建要和具体的建筑工程项目紧密结合，加强安全投入以及不断提高安全水平，将安全劳动消耗得以降低，在进行实施安全决策的过程中，多方面的安全评估和论证，保障安全投入的科学合理以及规范化实施，多样化的开展安全活动和教育。建筑工程施工中多数是农民工，在整体的施工素质上不高，安全意识相对比较淡薄，所以要加强安全教育，不断的提高施工人员的安全意识，将以人为本的理念在安全管理当中融入，这样才能有助于安全效益的保障。

建筑工程安全效益的提高，要注重安全管理制度的科学完善制定。通过规范化的安全管理制度作为施工的指导，就能有助于施工活动的顺利进行。在安全管理制度的建立上，就要能将安全标准体系以及制度完善化建立，将安全管理作为建筑工程活动的关键点，保障安全管理制度的完善性，将安全施工的准则以及规范在具体施工中加以体现。安全管理制度还要重视责任的明确化，在安全管理工作上进行分区管理，保障安全施工。

加强建筑施工的安全管理以及风险预测工作。建筑工程安全效益的提高,是通过多方面的努力来实现的,这就需要在风险预测方面加强重视,对施工现场的安全隐患排查工作妥善实施。施工人员必须要佩戴安全帽以及安全护具等,要重视对施工人员的安全教育工作,在安全管理工作实施中重视指导,将安全管理的效率水平不断提高。重视对现场施工的安全风险预测工作,从多方面实施安全风险预测措施,利用新的技术将安全风险预测的准确性得以保障。

加强建筑工程安全效益的提高,还要重视监管职能的充分发挥。建筑工程是比较复杂性的施工工程,涉及到的内容以及部门也比较多,而要想提高安全效益,就要注重部门间的协作效率提高,加强监督管理工作的良好实施。严格进行审批以及对现场施工情况加强监督检查,对安全监管的程序结合实际进行优化,将监管的职能加以完善化,从多方面实施监督措施。在这些基础层面得到了加强重视,才能有利于安全效益的提高。

综上所述,处在当前的建筑行业发展过程中,提高建筑工程的安全效益,就要从多方面加强重视,在安全投入方面进一步的加大,保障建筑工程施工的整体效率提高。只有从多方面加强了重视,才能真正有利于安全效益提高,对我国建筑企业的良好发展才能加以促进。

第四节 建筑工程安全监管问题

在城市化发展进程不断加快背景下,建筑工程数量也随之不断增加,但随着建筑规模的不断扩大,很多安全问题也得到了进一步突显。对此,为了给企业、项目提供更好的服务,相关监管部门应不断强化安全生产管理工作,促进安全监管服务水平的显著提升,为安全监管工作拓展出更理想的发展前景,尽可能减少施工安全问题的产生。

前言:建筑行业的安全生产与国民经济发展,以及广大人民群众的生命财产安全等方面有着密切联系,所以,保障建筑工程的安全生产是至关重要的。但就目前来看,安全监督机构在实施安全监管工作中还存在一些有待完善的问题,如,安全监管不到位,进而导致建筑工程安全无法得到有力保障。因此,为了给各环节的施工安全提供有力保障,应从不同层面入手,对建筑工程安全监管体系做出不断完善,确保各方主体责任的有效落实。

一、明确建筑工程安全监管问题

首先,安全监管法规有待完善,执行力有待提升。现阶段,国家虽然已经出台了一系列与政府建筑安全监管相关的法律法规，使得建筑行业的安全性得到了有效提升，但因为不够完善，再加上缺乏执行力，使得建筑业在具体生产中还存在一些安全问题无法得到有效监管。如，执法标准较为宽容、出发条款执行细则不够完善，以及监管部门缺乏安全责任意识等，都不利于建筑工程的安全监管。

其次，政府引用的安全监管方式缺乏科学、合理性。如，由于监管工作存在严重的错位、越位情况，导致监管部门无法取得理想的监管效果；国内的建筑安全监管部门大多都缺乏专门的政策、财政支持，因而无法进行相应安全检测仪器的购进，所以，只能通过眼观耳听手触的形式来监管，再加上监管人员缺乏培训，所以，整体的专业技能水平一直难以得到显著提升。

最后，安全监管队伍的职能分工不够清晰。当前，很多建筑施工企业都存在同一安全事故由多个部门来监管的情况，不仅低效也极易引发安全监管漏洞。再加上工作压力大、内容繁杂，专业技能水平有限，这些都影响着监管效果。

二、构建完善的安全监管法律法规

要想对建筑企业的一系列行为做出有效约束，就要构建完善的政府建筑安全监管法律法规，然后制定出相应的执行细则，努力从源头来杜绝各类建筑安全问题的产生。一方面，要显著提升建筑施工企业安全违法行为的违法成本，一旦发现有安全隐患的存在，一定要及时采取严厉的行政处罚措施，尤其是企业出现的违反安全标准的一系列违法行为诶，要做到行政处罚、刑事处罚兼并，从根本上消除企业在安全违法行为上存在的侥幸心理，从整体上提升企业对建筑安全的重视程度。另一方面，对于安全监管法规的细则、处罚条款也要做出不断完善，以此来促进法律法规涵盖面，以及可操作性的显著提升，最大限度的避免产生无法可依、执法不严的现象。

三、加强施工现场的安全监管工作

首先，要注重工作机制的不断完善。注重《建设工程安全生产费用共同管理办法》《安全监理报告制度》等制度的有效实施，促进安全监管向规范化，以及程序化方向发展。

其次，重视安全知识宣传教育工作的有效落实。针对现阶段一些施工队伍存在的鱼龙混杂，且一线作业人员安全意识较差的情况，应积极督促建筑企业完善安全保障体系的合理构建。同时，要定期开展施工作业的安全知识宣传教育，从整体上提升参建人员的安全意识。

最后，做好施工现场的安全巡查工作。现场检查虽然有效，但具体取得的效果也是十分有限的。就现阶段的问责体制背景下,应重视、完善施工现场的日常巡查监管工作,尽可能做到有检查、有整改、有落实,以及有结果和记录。其实从某一层面来讲,这也是有效保护自己的一种方式。在具体巡查中,要最大限度的做到细致、全面,避免流于表面形式,正确实现发现一处就整改一处。不论是多么小的隐患或是问题,都要正确做到现场整改,避免演变成大隐患、大问题,尽可能的将可能发生的事故消灭在萌芽状态。

另外,还要建立专门的建筑安全监管部门,以此来适当增加监管部门、建筑施工企业之间的沟通合作,完善对内、对外的监督机制,由此来合理约束监管部门与企业,严禁出现串谋现象。同时,监管队伍人才的引进也是至关重要的,且对于监管人员的专业技能也要定期组织专业的技能培训、考核工作,以此来为政府建筑安全监管工作效果与效率的进一步提升带来积极影响。

四、完善安全监管方式,提升监管效率

针对现阶段实施的,政府建筑安全监管方式上存在的不足之处,应及时制定出相应的完善措施。一方面,要注重安全监管工作模式的及时转变,在实际监管中突显出政府立场,将建筑工程建设的各个责任主体视为政府建筑安全监管重心,针对其在建筑工程设计,以及各道工序具体落实中做出的可能给建筑安全带来影响的一系列行为做出密切监管。同时,还要为建筑施工企业建筑生产安全创造良好条件,适当加大对安全保障体系的监督力度,进而为政府安全监督职能的有效落实提供有力保障。另一方面,应积极借鉴发达国家在建筑安全监管方面取得的成功经验,按照重点企业、环节、地区这三种方向来划分建筑施工,且还要基于专项监管来确保有限的安全监管力量可以引用到最需要的部分,进而促进安全监管质量、效率的显著提升。另外,还要结合不同阶段的实际需求来进行先进安全监管设备的购置,通过高科技手段的恰当引用来完善建筑安全监管,构建与之相适应的安全监管信息化系统,更严密的监控建筑工程,从而确保政府监管部门能够实现对建筑施工企业各阶段生产情况的随时了解。基于此,建筑安全事故的预测、防范水平也能够随之不断提升,为建筑安全提供有力保障。

综上所述,对于建筑行业来讲,其在国民经济发展中虽然占据重要地位,但存在的安全问题也是不容忽视的,在发生安全事故时,因建筑施工而导致的伤亡人数要远远高于其他行业。因此,从某一层面来讲,建筑安全已经成为制约该行业稳定发展的重要因素。因此,本节就对建筑行业中的安全监管问题做出了综合分析,并提出了可行性较高的完善对策,希望能够以此来促进建筑安全监管水平的建筑提升,最大

限度的减少安全事故的产生。

第五节 建筑工程安全监理

随着我国社会经济的快速发展，人们对于建筑工程的需求越来越大，随之而来的是国家相关法律法规的生成，主要目的是为了确保建筑工程整体安全性和提高建筑质量。然而，实施情况是，我国各个建筑工程中经常出现因施工安全管理工作与建筑工程管理质量违背了国家相关要求而导致各种安全事故的发生。导致这种现象发生的主要原因有两方面，一方面是工程现场施工人员，另一方面是工程单位监督管理人员。本节指出了当前我国建筑工程安全监理存在的问题，并针对问题制定了加强建筑工程安全监理的措施。

随着社会的快速发展，国家进一步加大了基础设施建设的投资力度，建筑工程涌现出了诸多的新设备、新材料、新技术，并得到了广泛的应用，使得建筑结构设计与工艺设计呈现出了复杂化，工程施工规模也较以往有了进一步的扩大，工种类型与数量越来越多，这样一来，现行的管理模式就难以将安全监理具有的作用充分的发挥，最终造成安全事故的发生。安全监理作为建筑工程监理工作的核心组成部分，对于工程建设朝着规范化、科学化方向发展有着很大的帮助，有效的防止了工程建设过程中出现随意性、盲目性等不良行为的发生，大大降低了建筑工程安全事故的发生。

一、建筑工程安全监理存在的问题

（一）建筑工程施工建设不够规范

由于建筑工程施工建设不够规范，从而给安全监理工作的开展带来了一定的难度，造成这种现象发生的关键因素有以下几方面：首先，考虑到工程建设具有良好的经济效益与社会效益，只一味的强调低价与施工进展速度，忽视了对工程施工的安全管理；其次，建筑工程施工单位为了在工程竞标中中标，经常使用低价竞标的方式进行，就会在施工过程中降低施工经费、偷工减料，这不仅对建筑工程的施工安全造成了严重的影响，同时还大大降低了其的质量。另外，部分施工资质低的单位为了能够获取到工程项目，经常通过挂靠施工资质高的单位，而由于其自身缺乏一定的安全生产监督管理力度，所以，工程实际施工过程中就会发生各种安全事故。

（二）建筑工程施工环节的环境因素

建筑工程施工过程中，有限的场地中通常集中了诸多的人员、材料、机械设备，如果场地过于窄小，再加上多层次的主体相互交叉着作业，就会导致物体打击等一系列的事故发生。同时，施工现场缺乏必要的照明，致使监理工作难以发挥自身具有的优势。

（三）建筑工程安全监理存在压力

工程实际施工过程中，安全生产监理存在着一定的压力。建筑工程建设单位希望降低工程建设成本费用，当监理单位要求施工单位停止施工进行整改时，建设单位就会以自己委托方的身份不断的施加压力给监理单位，要求监理单位将整改命令收回，以免对施工进展速度造成影响。施工单位没有充分的认识到安全生产管理的重要性，总是认为安全管理只是一种投资，没有任何的回报，由于他们存在这样的思想，因此，当工程实际施工过程中发生安全事故隐患时，他们也不会及时的执行监理单位提出的停工整改的命令，他们的这种消极态度严重的制约了安全监理工作的开展。

三、加强建筑工程安全监理水平的措施

（一）提高施工安全意识

实际施工过程中，我们必须时刻以安全生产作为主要目标，不管是工程施工人员还是监督管理人员，必须将安全生产放在第一位。严厉禁止为了节约成本费用而不考虑施工人员的生命安全的行为发生。安全监督管理人员实际进行监督管理过程中，应将施工人员的生命安全放在首要位置，然后是建筑工程整体质量。

（二）强化建筑工程安全监理重点

施工过程中，如果有部分分项工程存在着严重的危险，安全监理单位应将其放在首要位置，这对于避免各种安全事故的发生具有重要的作用；工程实际施工过程中，安全监理最为薄弱的一个环节阶段就是大型机械设备的管理，所以，安全监理人员实际工作中应对这一环节加以重视；要想保证工程施工人员的生命安全，就必须采取各种措施避免坍塌、机械设备、物体打击等带来的伤害；应根据建筑工程施工实际情况，构建一套完善、切实可行的安全生产质量标准化管理体系，以一种程序化的形式开展安全生产监理工作，以确保施工现场安全监理工作具有较高的水平。

（三）加强对施工方及施工人员施工安全方面的教育

施工方在建筑工程中是受益最大和责任最大的一方，在安全施工中承担着巨大的责任。施工方为了节约成本费用，经常偷工减料，不仅对施工人员的生命安全没有足够的重视，同时，也导致了工程存在了巨大的安全隐患。在对施工方教育过程中，还应对施工人员进行必要的教育，实际工作中如果碰到劣质的机械设备，应拒绝使用，同时还要将这一情况向上级部门汇报，时刻以一种谨慎严肃的态度开展施工工作。

（四）健全监理法规制度，促进市场秩序的规范化

要想确保工程监理业与监理市场的良好发展，就必须建立一套完善的法律法规，以此作为依据。另外，还应促进市场秩序的规范化，各级建设行政主管部门应采用政策引导的方式促进监理业的发展，进一步规范市场运作体系，努力营造出公平、公开、有序的建筑市场环境。此外，还应不断加大工程监理市场监督管理制度的建设步伐，通过市场经济手段对工程建设各方主体行为以及责任义务进行有效的控制，从而将各级建设行政主管部门的执法权全面提高，以确保监理市场朝着健康有序的方向不断的发展。

综上所述可知：建筑工程安全监理工作具有一定的复杂性，再加上在我国建筑施工中形成时间较晚，相对而言，还缺乏一定的经验，不管是在思想认识方面还是在企业内部与外部环境方面，都存在着这样那样的问题与一定的差距，所以，当前我们的首要任务就是制定有效的措施，以确保施工安全监理工作正常运行。而要做到这点，监理人员就必须全面掌握国家相关法律规定以及安全方面的知识，并且建立完善的安全管理制度，将安全责任落实到人，以提高人员的安全监理意识，只有做到了这些，建筑工程安全监理工作才会得到全面的开展，安全隐患问题才不会存在。

第六节　建筑工程安全施工防护要点

现如今，随着城市化进程的加快，建筑工程施工规模不断扩大，安全、质量、效益与进度成为工程的关键要素，人们需要额外重视施工安全问题。基于此，通过以建筑工程安全施工防护作为研究对象，根据相关防护措施的概述，分别从安全责任制度、施工组织设计与文明施工技术几方面阐述相关安全施工防护要点。

建筑工程施工中，安全施工问题关系到施工企业工作人员的经济效益与身体健康，也会涉及到社会层面的问题。要求施工单位需要以预防为主，综合考虑安全防护

措施的应用,将施工中的人力与物力综合应用,防患于未然,并将目光着眼于安全事故的防护控制,安排专业工作人员做好施工安全管理工作。

一、建筑工程安全施工防护措施相关概述

为了保证建筑施工质量,要求施工人员格外重视施工安全问题,通过科学有效的安全管理,完善各项安全防护措施。这些防护措施不仅关系到施工企业经济效益,也关系到施工人员的个人安全。所谓的防护措施,主要指以安全为前提,对施工展开安全性的研究,以预防为原则,根据建筑施工特点,寻找施工安全规律,预测施工中可能存在的安全隐患,从技术方面与管理方面防患于未然,防止安全事故的发生,降低安全事故给建筑工程带来的损失。可见建筑工程安全防护意义重大,具体如下:①建筑工程安全防护可以保证生产目标的实现,提高安全管理效率,为企业带来市场竞争力;②建筑工程安全施工有利于提高施工人员的安全防护水平,推动建筑行业健康发展。

二、建筑工程安全施工防护要点

(一)落实建筑施工安全责任制度,做好施工安全管理工作

为了加强对建筑工程的安全施工防护,要求施工单位深入落实安全责任制度,引导所有安全管理人员做好管理工作。以下几点建议可供参考:①要求施工企业领导者全方位负责现场安全防护工作;②施工单位需要建立安全施工责任制度,对施工人员展开安全生产教育培训机制,要求所有施工人员必须严格遵守施工规则与操作流程,建立安全管理机构;③该建筑工程项目管理人员需要负责本次项目施工的安全管理工作,落实安全责任制,确保所有用于安全施工防护的费用高效落实。项目经理将作为安全施工的第一责任人,会对安全施工全过程起到主要责任。

例如在脚手架安装方面,要求施工人员严格按照相关工程规定选择脚手架材质,严谨使用竹制脚手架。如果是扣件式钢管材质的脚手架,需要按照相应的施工方案设置连墙构件,脚手架高度50米以内的连墙件间距为3步3跨;脚手架高度超出50米的连墙件间距应为2步3跨。脚手架架体应使用刚性连墙件,将其与建筑物相连即可。如果是24米以内的脚手架,可以使用拉筋配合顶撑的连接方式,而不是柔性连接方式。为了提高脚手架安全施工防护水平,应做好脚手架的架体封闭工作。架体外部可以使用密目式安全网将其封闭,建筑首层与作业层需要将脚手架铺满,每间隔12米铺一层脚手架或者安装一张安全网。

（二）做好施工组织设计，严格按照组织设计安全施工

工程施工之前，要求设计人员与施工团队做好方案组织设计，这是对施工安全防护的指导性依据，也是保证项目施工安全完成的重要保障。因此，要求施工单位在进行项目组织设计的时候，认真编制施工现场用电规划方案，所有临时用电必须处于安全环境下，对于危险系数较高的施工内容需要编制更加专业化的防护措施。不仅如此，要求本次项目安全技术人员与责任人签字确认，并在安全管理员的监督下正常施工。

要求施工单位提前做好预防性试验工作，并关注各类机械设备的保养与维护。预防性试验指的是对施工现场需要用到的机械设备与原材料，在施工之前对其加以机械强度和绝缘性的测验，有效防止不合格设备和材料进入施工现场。为了保证施工现场所有设备使用的稳定性与安全性，要求施工企业安排专业人员进行设备的保养与维修工作。定期对设备展开保养，当设备遇到故障时，要求施工人员第一时间上报，维修人员对设备展开维修，从而保证机械设备的工作性能可以始终处于最佳状态，确保使用者的操作安全。建议施工单位将高能耗设备进行淘汰，尽可能的选择节能环保型设备，设备进场之前可以对其进行节能性检测，为设备确立资料与档案，派遣专业人员进行设备维修与保养工作。

对于施工现场的临时用电安全防护，可以按照以下步骤进行：①外电防护措施。外部架空线路正下方不能施工，也不能搭设脚手架与作业碰，施工人员不应在此安装生活设施、对方各类设备与施工材料；②接零保护系统安全防护。建筑工程施工现场拥有专业的中性点接地线路，建议施工单位使用 TN-S 接零电力防护系统，严格区分工作性质的零线与保护性质的零线，避免出现二者混借问题；③配电箱与开关箱的安全设置。建筑工程施工中，临时用电配电系统一般会使用三级配电与两级保护系统，而开关箱必须坚持"一机一闸一漏一箱"的原则。

（三）加强建筑施工安全管理与文明施工技术体系建设

现如今，创建文明施工现场，推动文明施工已经成为建筑工程施工目标。对于建筑安全施工管理来说，这是一项管理性很强的工作，同时也对管理人员提出技术性要求。安全与文明不能分离，安全管理和文明施工要求施工单位明确工作人员的安全文明施工行为，做好安全文明作用，通过加强对现场的施工管理，确保现场施工秩序良好，从而提高建筑施工的经济效益，提高施工质量。

对于施工单位来说，实际施工中需要以施工现场真实情况为主，提前绘制现场施工图，全方位安排各类设备，根据不同施工阶段进行现场场地布置与调整工作。施工

中要保证现场道路和周围马路的干净与整洁，禁止乱堆乱放物品，安排施工人员定期清扫施工周围，集中处理建筑垃圾，对于泥浆洒漏、建筑污水排放与施工灰尘等问题需要采用有效措施。某施工单位进行土方作业时，面对长期存在的扬尘与路面污染问题，施工人员针对车辆进行清洗，确保车辆进出场地时不会扬尘。施工中发现了文物和古树时需要做好保护措施，联系有关部门完成处理。施工现场排水方面建议使用砖砌排水沟，排水沟底部使用5厘米厚的C10混凝土浇筑，两侧使用砂浆粉刷。要求施工现场的排水沟与市政排水管道相互连通，并用m220puc波纹管进行现场的污水排放工作。为了提高施工现场安全防护水平，建议做好施工安全管理检查工作。对施工现场采用封闭式管理模式，要求企业在施工现场树立特色标志，无论是大门还是外墙都要设备符合企业的统一标准，对外进行施工单位安全施工与防护意识的宣传。在施工现场进出口处，建立门卫管理制度，做好外来人口的安全等级工作，要求值班室建在大门的一次，安排专门的工作人员二十四小时轮流值班。所有施工人员与管理人员进入与离开功底都要持有工作证，以此提高人们的安全防护意识，加强对施工安全问题的重视，明确自身的工作责任，努力做好自己分内的工作。

总而言之，加强对建筑工程施工安全技术与防护措施的研究尤为重要，施工单位不仅要重视施工进度与经济效益，还要立足于施工质量，从现场施工的安全角度出发，保证施工的安全。要求管理人员加强对施工现场的安全化与规范化管理，以保证施工安全性为前提，提高施工质量，加快施工进度，从而实现施工单位的经济效益与社会效益。

第七节　建筑工程安全施工的重要意义

随着我国经济发展的不断加快，我国建筑企业数量不断增多，这也使建筑行业成为促进我国经济发展的支柱型产业。近年来，我国建筑项目不断增多，建筑工程施工规模也不断扩大，这也使建筑工程的安全管理难度大幅提升，建筑工程安全事故频发，这给企业的名誉造成了极为不利的影响，也给企业带来了严重的经济损失。因此，加强建筑工程的安全管理工作，已经成为迫在眉睫的问题。为此，本节便对建筑工程安全施工的重要意义进行探讨，并明确了建筑工程安全施工中存在的问题，在此基础上提出了能够提高建筑工程安全施工水平的相关措施。

一、建筑工程中安全施工的重要意义

在建筑工程中，对安全隐患的成因进行分析，并采取针对性的措施来予以防范，

对于保障建筑工程施工安全有着非常重要的意义。在建筑工程施工中应将安全作为首位来进行管理，对安全施工管理工作进行规范化与系统化，能够提高建筑工程施工效率，降低不必要的经济损失，对保障工程人员的人身安全也有着不可忽视的作用。安全施工管理工作应贯穿于建筑工程施工的全过程，这样才能使建筑工程施工得以安全、高效的进行。

二、建筑工程安全施工中存在的问题

（一）安全生产责任制无法得到全面落实

现阶段，部分施工企业并没有对安全生产责任制进行全面的落实，在企业内部组织方面存在较大漏洞，而且内容也不够规范，在建筑工程安全隐患的防范上缺乏针对性，而这便造成安全生产责任制无法得到全面的落实，从而使企业在进行安全施工管理工作时，专业性往往较低，进而给建筑工程带来巨大的安全风险。

（二）建筑市场秩序混乱

目前，建筑市场中许多施工企业都存在资质挂靠、多头承包等问题，这也使一些施工水平较低的施工企业凭着低价的竞争优势承揽工程，而建筑企业为了减少资金投入，则往往对施工单位采取压价竞标的方式，进而造成施工单位在建筑工程施工过程中，为了节省成本，便擅自削减安全管理资金投入，没有对建筑工程进行全面的安全防护，而一旦发生安全事故时，便相互推卸责任，这无疑给建筑工程的施工质量带来了巨大的影响。

（三）企业过于重视效益，忽略了安全施工管理工作

在建筑工程实际施工过程中，有许多企业只关注利益而忽视了安全施工管理工作，这也使建筑工程中的安全监管存在很大漏洞，从而造成安全责任落实不到个人、重要施工环节缺乏安全监管等问题，从而给建筑工程的安全管理工作带来了巨大的隐患。除此之外，施工企业还存在管理人员安全意识较差、安全施工中的基础条件缺失、安全教育工作开展不彻底等问题，进而给建筑工程带来了极大的安全隐患。

（四）施工人员整体安全施工意识不强烈

建筑工程中的大部分施工人员有许多都来自于贫困地区，而这些施工人员由于受教育程度偏低，使其综合素质上也普遍较低，在安全施工意识上并没有其他专业人员强烈，这就给建筑工程的施工带来了很大风险。

（五）安全应急预案缺失或内容不全

由于建筑施工企业的安全管理水平较低，并且没有对安全管理工作予以足够的重视，进而造成其在对某些重要工序进行施工时，并没有很好地对安全应急预案进行编制，进而造成安全应急预案中的内容不全，甚至有些施工单位根本没有编制安全应急预案，而一旦发生安全事故，必然会造成更大的人员伤亡与经济损失。

三、提高建筑工程安全施工水平的相关措施

（一）建筑工程安全施工应以管理制度作为落脚点

在建筑工程中，要想提高安全施工水平，就必须要将管理制度作为落脚点，通过安全管理制度的不断完善来使以往的安全管理模式发生改变，应对安全施工中的生产技术、服务水平及安全生产进行全面的审查，认真落实安全管理制度，实施安全生产的一票否决机制，并设置专门的监理机构来对施工现场的安全施工进行管理，同时还要将安全责任落实到个人手中，以此确保建筑工程的高效运行。

（二）增强安全管理意识

在建筑工程安全施工中，应将安全作为首要工作来进行管理，企业管理人员应充分认识到安全管理的重要意义，协调好安全、生产、效益、进度之间的关系，始终秉承安全第一的理念来进行管理工作。此外，企业还应建立施工安全生产管理体系，对安全生产法规、制度进行全面的贯彻与执行，并定期或不定期对建筑工程的安全情况进行检查，同时还要做好安全教育工作，明确与落实安全施工管理工作中的具体改进措施，不断总结安全施工管理经验。

（三）完善建筑工程安全管理制度

无论是建筑企业还是施工企业，都要不断完善建筑工程的安全管理工作，对施工组织设计与安全应急预案进行认真编制，提出具体的防范措施，并在施工过程中予以落实。同时，还要对施工人员的安全管理意识及安全施工水平进行定期考核，掌握安全防范措施。并且，企业还要对安全生产责任制、安全检查制度进行制定与完善，并对施工现场的安全检查情况进行书面记录，同时还要和安全管理人员签订安全责任书，以确保建筑工程中的所有安全隐患都能得到消除与预防。

（四）强化建筑工程的阶段性安全控制

建筑工程的安全施工管理应从源头进行控制，对施工企业的资质进行严格的审

查，同时规范建筑市场行为，并制定评分考核制度来对建筑工程的各个阶段进行安全分数考评，同时还要组织相关人员定期进行安全巡检，并对整改不彻底、整改不及时的施工企业实施不同程度的惩罚。

总而言之，建筑工程的安全施工管理是一项十分重要的工作，其安全管理水平的高低将直接影响到企业的经济效益与社会名誉，因此企业管理人员必须要对安全施工管理工作予以高度的重视，加强建筑工程的安全监管力度、落实制度内容、明确安全责任、提高安全意识、强化安全教育，以此提高建筑工程的安全施工管理水平，使建筑工程安全施工的重要意义得到最大程度的体现。

第七章 建筑工程安全管理

第一节 建筑工程安全监督管理

我国社会经济的快速发展，极大的促进了建筑工程领域的高速发展，目前建筑工程行业每年仍有事故发生，因此建筑工程施工的安全管理工作必须要引起相关的重视。本节从建筑工程安全管理及其重要性为切入点，分析了我国建筑工程安全管理取得的成就和安全管理工作中存在的问题，提出了详细可行的改善建筑工程安全管理的对策和建议。希望能加强建筑工程安全管理监督工作，促进建筑工程行业健康可持续发展。

建筑工程安全管理问题始终是工程施工的重点，造成建筑工程安全问题的原因主要有：施工企业自身的安全管理不到位，施工人员自身的安全意识较差，安全生产资金未落实到位导致安全设施较差等。因此需要建筑施工企业积极的担负起安全生产的主要责任，积极的将安全生产资金落实到位，改善现场安全施工设施和工作环境，建立健全建筑工程安全管理体系，加强对施工现场的安全管理和监督，从而有效的预防事故的发生。

一、建筑工程安全管理

（一）建筑工程安全管理概述

建筑工程安全管理是在工程建设活动中对涉及的安全问题进行统一管理，是一项系统的、综合性的管理工作，主要包括建设行政主管部门对建设工程的安全管理工作，建设单位、勘察单位、设计单位、施工单位和监理单位等相关企业对建设工程的安全生产管理。在建筑工程安全管理中，以"安全第一，预防为主，综合治理"为主要方针，结合完善的安全制度、方案和措施，完善安全生产管理和监督体系，强化建筑工程安全管理工作。

（二）建筑工程安全管理的重要性

安全生产是建筑工程企业的红线，是企业正常运行的基础和保障，安全事故的发生会给相关企业发展带来不利影响,极大的损害企业的社会和经济效益。提高安全生产管理水平,有利于消除多数安全隐患,减少安全事故的发生,避免出现人员伤亡和财产损失;加强安全生产管理,能够保证建筑工程的施工进度和施工质量,有利于树立良好的企业形象,提高企业的社会和经济效益;因此在建筑工程施工中,坚决杜绝不符合安全管理的行为,严守安全生产红线,保障建筑工程安全生产,提高企业的社会和经济效益。

二、我国建筑工程安全管理取得的成就

一直以来,国家及企业对建筑工程安全管理高度重视,建筑工程相关企业的安全管理意识也得到了大幅提高,加强了安全生产管理制度的落实,整个建筑工程安全管理工作取得了一定的成绩。主要体现在:①建立了建筑工程安全生产法律法规体系,明确了建筑工程生产单位的安全生产责任,强化了安全生产监督法,为政府监管部门行政执法提供了法律依据,使建筑工程安全生产管理工作走向法制化,同时促进了企业安全生产管理制度的落实;②产生了一批安全生产的科学技术研究成果,大力推广了安全可靠的建筑工程生产工艺、技术装备和安全防护设备,推动了建筑工程企业安全生产管理水平提升,减少了安全事故的发生;③加强了建筑工程安全生产宣传教育活动,把建筑工程的安全生产管理重点放在工程施工现场,对施工全过程进行安全监督管理,对安全生产管理工作进行大力宣传,学习文明工地建设经验,提高施工人员安全生产意识;④引入意外伤害保险试点工作,将安全事故预防和意外伤害保险相结合,完善了建筑工程安全生产保障体系。

三、当前建筑工程安全管理存在的问题

(一)政府安全生产管理及监督存在问题

政府安全生产管理部门和机构改革等原因造成了安全管理职能分散,出现各政府管理部门的职能交叉、权责脱节等情况,导致部门之间的相互协调和配合存在问题,安全生产监督管理体制无法得到很好的落实。例如由于安全生产管理职能和工伤保险的单独管理,导致在安全生产预防和工伤保险理赔方面无法紧密衔接,影响了安全生产管理效果。另外,行政管理部门在监督管理过程中,由于安全监督执法人员素质参差不齐,专业知识较欠缺等原因,影响了行政主要部门的监督管理效果,破坏了建设工程市场环境。

（二）建筑相关企业未完全履行安全职责

在建筑工程领域，安全生产责任多由建筑施工单位承担，建设单位主要关心工期、质量和成本及自身利益有关的方面，对安全生产未完全履行其安全职责。建筑施工单位缺乏完善安全生产管理制度，安全生产权责不明确，未建立完善的安全生产管理奖惩制度，没有把定制的安全生产目标落到实处，最终导致安全事故的发生。监理单位在建筑工程施工过程中起生产监督管理的作用，统管工程进度、质量、安全生产等。但在实际施工过程中，部分监理单位只注重施工进度和质量，对工程安全生产没有引起足够的重视，未完全发挥其安全管理的职责，自身工作责任感不强，工作态度消极，不能完全履行监理职责，未及时对施工现场进行安全检查，不能将安全生产管理落到实处，对检查发现的问题也没有做到及时跟踪监督，导致安全隐患无法根除，不利于建筑工程后期的安全施工。

（三）建筑工程市场混乱，人员安全意识淡薄

目前建筑工程行业市场混乱，许多建筑工程项目在被施工单位承包后，多次违规分包给不具施工资质的小承包商或包工头，这些承包商往往没有正规的劳务公司，其施工人员流动性大，基本素质低，安全生产意识淡薄，不熟悉建筑安全法规，也没有缴纳正规的保险，在发生安全事故后无法得到应有的经济补偿。建筑施工是高负荷的体力劳动，施工单位为了赶工期经常延长工人的劳动时间，工人们容易产生疲劳，这样会进一步引发安全生产隐患。同时，部分施工企业的安全生产资金没有做到专款专用，施工现场的安全防护设施缺乏或落后，施工人员的安全防护措施不足等，均会引起建筑工程安全事故的发生。

四、改善建筑工程安全管理的对策和建议

（一）加强政府部门安全监督管理力度

优化政府监督管理部门职能和管理内容，增加建筑工程监督管理资源，完善监管部门内部专业层次，提高建筑监督管理人员的技术水平，树立科学的安全生产管理理念，保证在建设工程安全管理过程中发挥监督管理作用。在建筑工程安全执法时严格把关，对不具备施工资质的承包商和不落实安全生产责任的企业和个人，严格禁止其执业，把安全生产管理检查作为常态化管理，对发现安全隐患的项目责令其立即整改，使建筑相关单位统一安全生产思想，严格开展安全生产管理工作，最大限度的减少安全生产事故的发生。

（二）加强建筑相关企业的安全管理工作

建立完善的安全生产管理责任体系，加强建筑相关企业内部的安全生产管理工作，制定安全生产管理目标，将安全责任落实到个人，明确安全生产奖惩制度，保证安全生产工作顺利进行。加强对建设单位的监督管理力度，落实安全生产资金，增加安全施工配套设施，强化建设单位对安全责任的履行；加强施工企业内部的自我安全管理工作，明确项目经理及施工班组成员的安全职责，消除安全隐患，降低安全风险；落实监理单位的安全监理制度，对工程安全隐患及时的监管和督促，确保施工单位落实安全生产管理制度和安全生产措施；同时勘察、设计单位要积极参与安全管理工作，对建筑工程重要环节作出特殊说明，对安全事故预防提出相应的措施建议。安全生产是建筑工程第一要务，必须要引起足够的重视，消除安全隐患，降低安全事故发生的几率。

（三）加强施工人员的安全责任意识

对建筑工程施工人员进行上岗前的安全培训和教育，提高施工人员的专业技术水平和安全生产意识，使其熟悉建筑工程施工流程和安全生产管理制度，在施工过程中坚决杜绝违规操作；施工企业安全管理人员严格执行安全管理制度，配备必要的安全防护措施，对施工的每个环节进行严格监督；在企业内部营造安全生产文化氛围，组织安全技能竞赛，树立安全生产责任意识，普及安全生产知识，提高施工人员的自我保护意识和能力，以最大限度的降低建筑工程安全事故发生的概率。

（四）规范建筑市场秩序，加强群众监督

规范建筑市场秩序也是减少建筑工程安全事故的有效手段，规范建筑市场的准入和退出机制，对不具安全生产资质和坚决不执行安全生产管理的企业，将其退出建筑工程市场并严肃追责；杜绝多次分包等违法行为，净化行业环境，提高企业的安全生产管理力度；加强建筑主管部门的监督管理工作，建立安全生产信息平台，对不符合安全生产的企业向社会通报批评，将安全管理与市场准入、企业资质升级、项目投标等因素结合管理，以加强施工企业的责任意识；同时，有必要加强群众参与监督管理，在一定程度上可以弥补政府监管部门的疏漏，以达到改善现场施工环境，提高安全生产管理水平的目的。

建筑工程施工中，安全问题是红线，政府主管部门和建筑相关企业都必须要严格遵循，认真落实安全生产管理制度，提高管理和施工人员自身的安全意识，加强落实施工现场安全措施，改善现场施工环境，进一步提高建筑工程安全管理水平，有效的

降低安全事故发生的概率，促进建筑工程行业健康可持续发展。

第二节　建筑工程安全施工的预警管理

建筑工程与人们的生产生活紧密联系，其中建筑施工安全事故的出现会严重影响到建筑行业的发展。安全事故的诱因多样，要减少施工过程中安全事故的发生，必须做好预防工作，制定具有可操作性的、有效的、科学的安全预警管理系统，从而保证整个建筑工程的施工安全。

一、预警管理在建筑工程安全施工中的必要性

（一）降低事故发生率

在建筑工程施工过程中，几乎无法避免会出现大大小小的事故，而预警管理系统的作用在于对建筑工程中安全生产的级别进行有效的分级管控和预评估，对于即将发生的安全事故有很好的预警能力。可以根据实际掌握的施工情况，构建重点环节安全监测机制，更好地降低安全事故发生率，保证施工安全。

（二）推动安全模式创新

大部分的施工企业仍然执行三级管理制度，由施工单位、班组与项目管理人员进行三级管理，很难推进整体施工资源的统一管理分析。企业也由于人为因素，对于安全管理工作的客观原因严重忽略，在现有机制下，预警管理在施工过程中的实际执行效果十分不理想，人们没有深入认识到安全内容的重要性，常常使用经验来取代规则。因此施工方要积极探索安全管理模式，构建安全预警管理机制，使其更好地为安全施工服务。

二、安全事故频发的原因

（一）自然因素

天气、地质、水文以及自然灾害等都会对工程安全施工造成影响。我国自然环境较为复杂，而施工现场往往会经过地貌比较特殊的地段，会让施工过程处于不稳定的状态，直接影响施工进度和施工安全。由于建筑工程施工活动时间大部分为全年，定会受到不同季节、气候现象的影响，天气过冷会无法保证施工质量，冻结机械设备，影响正常的施工。大风、大雾、高温天气的出现还会直接威胁到施工操作人员的人身安全，影响到施工活动的正常开展。我国地质结构复杂，在部分特殊的地区施工

经常会引发一些突发性的地质灾害,比如泥石流、滑坡等等,还容易受到软土地基、膨胀土等等特殊土体的影响。

(二)设备原因

在建筑施工过程中,一旦机械设备出现问题,不仅会影响到工程施工进度和质量,还容易造成操作人员人身威胁。操作使用方法若是不正确、不规范、检修管理不到位等,都会引发安全事故的发生。一方面机械设备的更新换代非常快速,对技术人员的操作技能和养护技能水平有很高要求。另一方面设备设施的保养维修也需要定期检查,否则会影响到工程的正常进度。

(三)主观因素

建筑行业经常发生安全事故,与施工人员的安全意识和职业素养有很大的关系。建筑施工行业属于劳动密集型行业,用工量巨大,人员水平又参差不齐,大部分文化程度较低,安全意识薄弱;同时企业又很少对建筑人员进行专业的安全培训,也是导致建筑安全事故频发的主要因素。另一方面,安全管理工作的不到位和施工技术的不扎实,也给施工现场带来了安全隐患。例如一部分施工人员在操作机械时发生的误操作而导致的事故。

三、预警管理在现场施工中的应用

(一)监测施工人员操作作业

建筑安全事故发生的人为因素主要是由于违章作业,在违章作业中应用安全预警管理技术,可以有效减少施工人员不安全行为,促进作业人员的技术水平达标,从而降低由于施工人员自身技术水平不达标而导致的安全隐患。同时保证施工人员得到充足的休息,防止过劳作业情况的出现,减少安全事故的发生。

(二)推动施工机械监测系统建立

定期检查或是抽查施工过程中的机械设备等物质准备,若发现问题及时处理和更新,从而保障基础设备安全。由于在长期生产过程中设备的耗损会不断增加,影响到建筑施工质量和施工进度,因此设备必须进行定期更新。安全预警管理技术可以及时掌握和了解设备的故障率变化,有效提高机械维修保养合格率,有效控制设备的不安全状态,从而确保施工作业环境的安全性。

（三）提升施工现场整体环境质量

将预警管理技术应用于现场作业监测过程中，可以有效监控文明施工、用电施工、脚手架、设备、模板工程、基坑支护达标情况等，对于现场作业环境进行全面监测，为建筑工程施工提供良好的作业环境。例如建筑行业事故频发的高空作业，预警管理可以建立起相应的分析数据对高空作业环境进行全面监控，做好防控和规避措施，有效减低高空作业的事故发生率。预警管理的使用不仅可以提升施工现场的整体施工环境，还能促进项目施工的科学化、合理化安排。

四、施工现场预警管理的措施

（一）提升施工人员专业素养

做好安全教育工作，让每一位施工人员意识到安全施工的重要性，并在组织内部建立教育培训机制，为安全防护措施提供基础。健全和完善安全预警管理制度，明确责任，落实到人，细化安全预警管理机制，建立合理的考核机制，充分激发施工人员的安全意识。定期进行设备操作和专业技术培训工作，提升施工员工的安全水平和专业素养。

（二）优化现场施工基础设施

建筑工程施工的正常运行与施工设备、人员技术水平有重要联系，企业要做好相关施工设备的管理和专业技术的培训。基于相关标准操作，结合相关制度做好设备维修和保养工作，对于频繁发生故障的机械设备要进行定期跟踪和监测，并做好预防管理工作。

（三）做好安全预警系统管理

在建筑工程预警管理研究中，施工单位的预警系统要实现理论指导，通过对建筑安全生产模式的有效分析，做好监测诊断和预防工作，为建筑施工提出一种具有实用性、可操作性的建筑安全生产预警管理模式，对于施工现场的危险源进行有效的监测和预防，并建立监测管理平台，对于施工过程中容易产生问题的施工区域进行重点监测和管理，从而将威胁消除在根源。

（四）建立定期检查制度，实行安全检查措施

要有效防止安全事故发生，做好安全检查工作，在施工过程中定期或不定期进行安全检查，充分发挥安全预警系统的作用，对施工人员、设备和施工环境进行全面系

统的检查，找出可能诱发安全事故的因素，并对施工设备进行及时的维修更换，提出切实可行的安全预警管理措施，存在安全隐患的区域要在规定期限内整改完成。

随着我国建筑行业的快速发展及安全机制的更新完善，建筑施工预警管理系统也需要与时俱进。要减少施工工程中的安全事故，保证施工人员安全性和施工质量，就要重点做好相应的预防控工作。通过对安全预警管理技术的有效应用，积极推广安全预警管理技术，可以有效减少我国建筑行业的安全事故，保证工程建设安全顺利进行。

第三节　BIM技术的建筑工程安全管理

无论建筑业的发展多么迅速，都永远绕不开"安全"这个话题，当建筑业的从业人数越来越多时，传统的施工现场保障模式已经无法全方位地保障人员安全，以致安全事故频频发生。而BIM技术可应用于保障建筑工程安全管理，因此，本节将对BIM技术在建筑施工安全管理中的运用进行更为详细的探讨。

当建筑领域的企业数目快速增长时，行业竞争也随之愈发激烈，导致企业可盈利的空间持续减少。BIM技术在建筑业各个方面的发展中都发挥了重要的作用，尤其是建筑业的信息化建设。其具体作用表现如下：预防及监控施工现场存在的安全隐患来减少安全事故发生的概率。因此，BIM技术的全面创新迫在眉睫，需将信息技术与管理技术相结合，使得BIM技术在建筑安全管理中发挥更大的作用，这对提升企业项目建设的效益、增强企业核心竞争力有很大的帮助。

一、BIM技术的特点

（一）可视性

传统二维的建筑施工图具有一定的局限性：无法模拟出建筑物的全部信息、平面的建筑形象不够直观等，而BIM则能够突破这种局限性，运用信息技术，模拟出三维的建筑物模型，展示出建筑的全部信息，使得施工人员能有更加直观的感知，进而有效地预防及监控施工现场存在的安全风险，这就是所谓的BIM技术的可视化特点。

（二）动态性

BIM技术将诸多真实信息融于一体，一般模型中的大部分参数会因任意一个元素的变化而发生相应的变化，但BIM则不同，它的参数可灵活地进行实时更新，并将更新后的数据及时上传到云端数据库,相关的管理人员可随时掌握建筑状态的最新情况,方便分析。而只有经过及时准确的分析,安全管理人员才可第一时间识别出风险,并及时采取防范风险的有效措施。

(三) 模拟性

BIM（Building Information Modeling）建筑信息模型,顾名思义,这是一项可模拟出建筑物全部信息的技术,它能使建筑物更加牢固,也能使相关人员及时采取有效的防护措施来保障建筑施工现场的安全。在建筑工程前期,BIM技术的作用是根据建筑设计者对于地质环境等方面的要求做出模拟建筑的实验设计;在建筑工程期间,BIM不仅可以模拟高危工作,如高空作业、深井作业等,还可协助相关人员制定出相应的安全管理方案。以上便是BIM技术的模拟性特点。

二、BIM技术在建筑施工安全管理中的应用探析

(一) 把二维建筑图纸转换为三维模型

BIM技术可将项目原有的传统二维图纸改建成三维模型,将场地模型、土建模型以及设备专业模型整合成全专业整体模型。BIM技术构建的三维模型比其他一般的三维模型更加完整,其三维设备布置是多视图的,各个方向都有平、立、剖面图的二维解剖图,它的尺寸定位也更为精准,整体模型无限趋近于零失误。一个BIM模型中有多个三维图层,分别展示了建筑物的表皮幕墙、结构梁柱、设备管道等,这样清晰明了的设定可使得非建筑专业人员也可轻易读懂图纸,方便各个专业的人员进行沟通协作。以钢筋节点为例,CAD平面图中要想读懂复杂的钢筋节点需要多张剖面图配合方可,而BIM模型能够利用三维数字技术将钢筋节点按照真实比例置于三维模型中,真实的空间感、360度的视角都可让人直观并准确地读懂该钢筋节点的复杂结构。

(二) 识别施工危险源

施工管理者的重要工作之一就是在建筑工程施工中精准识别出会对施工安全造成威胁的危险源,继而深入调查评估该危险源的各类危险要素存在状况,精确掌握足够的信息之后可采取针对性的安全管理措施,确保施工活动能够不再受该危险源影响。而BIM技术在此工作中的作用是建立出能清晰展示施工设备、各个构件状况的4D模型,如此一来施工管理者便可及时掌握施工环节中潜在的危险源,趁早发现危险源,便可在制定防护措施时掌握更多的主动权,可大大减少施工安全事故的发

生概率。可行的具体操作之一是利用BIM技术来完善RFID危险识别系统，在危险要素的识别过程中起到快速整合的作用，最终达到减少施工安全风险的目的，完善建筑施工安全管理系统。

（三）识别危险因素、划分危险区域

建筑施工安全管理中很重要的一个环节是将所有的危险因素及时识别出来，并以此为依据来有针对性的加强安全控制力度。BIM技术具有可视化的优势，因此它能全面立体地展示出整个的项目流程，流畅的流程图让所有的威胁性因素无所遁形，这为后期安全管理工作打好了基础。将危险区域一一划分开来可使得安全管理人员在面对危险因素前做好充分的准备，而具有针对性准备工作也使得安全管理工作更加条理清晰，以此减少不必要的损失。上文中提到，BIM技术可将各类危险因素进行快速整合，将危险因素按照发生的时间和发生的区域进行分类，然后按照危险因素的不同类型制定不同的应对策略。那些已经明确被标注为危险的区域需引起相关安全管理人员的高度重视，并采取相应的措施：首先是标注工作，起到警示的作用，然后是预防工作，最后是调整工作。安全管理人员应尽量在危险因素引起安全事故之前将其排除，切实保障施工现场的安全。

（四）拟定施工安全管理措施

BIM技术还可利用其数字化的优势来建立一个施工安全信息集成管理系统，该系统可在施工安全管理中根据具体问题并结合现场的相关要求，拟定出具体的应对措施。此外，BIM技术还可精确的掌握施工项目的建设进度，使得项目施工活动能够促进项目建设功能的进步，也可使相关的施工人员对施工方案做出及时地调整工作。在使用BIM技术之前，人们都采取纸质文本的记录模式来进行施工技术的交底工作，而使用BIM技术后，3D的动画演示能够更直观更清晰地展示出施工过程中可能遇到的各种问题及其应对措施，让施工安全管理人员对相关的施工技术应用要点了若指掌，以此达到增强施工安全管理质量的目的。

（五）安全交底及施工现场安全信息化管理

使用BIM技术前，纸质的交底模式具有一定的局限性，安全负责人只能结合图纸向工人简要说明情况，对于一些可能发生的危险也只能通过口头阐述，而工人对此的接受程度有限，因此无法直观的感知危险的严重性，也无法精准地感知危险的所在地。而使用BIM技术后的交底模式可突破这种局限性，BIM可结合VR技术，使工人身临其境感知危险发生的现场，并能清楚看到被明显标注出来的危险部位。

BIM 与 VR 的结合使得工人深刻认知到危险发生的区域所在以及危险如若发生会造成的严重后果,充分引起工人的重视,提高其警惕性,并让工人提前准备发生危险时的应对措施,以此提高施工现场的安全管理水平。

综上所述,建筑安全管理是建筑项目管理中极为重要的一个环节,而各个建筑单位也足够重视建筑的安全管理。伴随着建筑业的不断发展,对于 BIM 技术需要进行不断的创新,并将其有效的应用到建筑工程的管理工作中,这对建筑工程的安全顺利施工有着极大的作用,从而能够有效地促使建筑行业得到快速发展。

第四节　建筑工程安全风险管理

近些年来经济不断发展,我国的建筑行业不断发展,从事建筑业的人数不断增加,但是在发展的同时也暴露出许多行业弊端。豆腐渣工程和从事人员的安全问题逐渐引起人们的注意。如果建筑行业再不对行业内的弊端进行整改,将会阻碍行业的整体发展,也会给社会稳定带来影响。本节具体的分析了建筑行业内的问题,并提出了相对应解决措施,给建筑行业提出一些参考意见,希望建筑工程在未来能取得更好的成绩。

建筑工程在推动国民经济发展上做出了大贡献,但是在建筑行业在发展中不断膨胀,建筑业在不断盲目发展,行业整体的安全情况却并没有得到重视。在施工时出现了许多严重的安全事故,完工后也出现了许多意外事故。这些问题都急需解决,否则会影响整个行业的前途。建筑公司一定要制定全面的安全管理机制,提高行业的整体安全。

一、建筑工程项目安全风险的特点和产生原因

（一）建筑工程项目安全风险的特点

建筑工程有一个非常庞大的体系,工程的涉及面广,其安全问题也就比较多。其中主要的安全风险是:人员伤亡、机器设备的损失、投资的风险等。这些风险让建筑行业的发展的稳定性得不到保障。建筑工程的前期准备就比较长,在建设时技术的难度高,人员用量大和施工周期长等都会对工程的发展造成影响。所以建筑的风险逐渐成为行业发展时的重点项目,为了减少行业发展时的损失,提高经济效益,许多安全制度被管理层制定出,为行业的安全提供更好的保障。由以上可知,建筑行业在其他行业中,安全风险较高,希望大家都重视起来。

（二）建筑工程项目安全风险产生的原因

每个问题产生都是由于不同情况造成的，在建筑行业中每个不同的施工环节中的风险都是由不同原因引起的，每个问题的解决也就必须根据实际情况提出不同的解决方案，这是解决行业风险必要的办法。具体的风险出现的原因如下：一是人员问题。施工人员的职业素养不高，技术不好，对施工的机械设备操作可能不恰当。设计人员并没有和施工人员进行很好的沟通，导致施工人员对设计图纸不是很了解，所以有些地方操作不到位。管理层人员对于施工现场的监督和管理不到位，没有全面的考虑到施工中存在的问题。以上的原因会让建筑行业中的问题不断爆发。二是机械设备的问题。建筑工程中使用的机械设备非常多，高层管理人员可能没有将机器与技术相配套，这导致工程的呈现度达不到理想效果，甚至出现大问题。各种机器工作后，工作人员并没有对机器进行养护，这让机器的使用周期变短、安全性降低。机器的准备不够妥当，也容易让事故发生。三是客观原因。可能施工的自然环境比较恶劣，对施工机器和人员造成了影响。自然环境的复杂性加大了施工的难度，如果在施工时没有做好安全措施，很容易带来安全问题。

二、建筑工程项目安全风险管理的对应措施

从以上的问题和发展的必然性可知，建筑工程项目中的风险必须要得到解决。管理层要根据目前建筑行业中存在的风险问题提出合理的解决方案，将各种风险降到最低。以下是本节根据相关研究提出的几点解决措施。

（一）做好安全教育工作

思想决定这行动，解决问题的第一步就是对建筑行业内的人员做好思想教育问题。对于管理层人员而言，他们要具备高瞻远瞩的思想，提早发现行业内存在的安全隐患，让他们意识到管理和监督工作的重要性，提前做好防范工作。对于施工人员而言，要对他们进行基础的安全教育工作，提高他们的自我保护意识，同时能有能力解决工作中存在的问题，降低风险概率。最后，相关部门要制定完善的安全体系，为他们提供法律保障。

（二）优化施工技术

建筑行业不是简单的体力劳动，它对行业内人员的技术性有一定的要求。工作人员要能熟练操作各种机器和了解图纸，确保工作不会出现技术失误；设计师要考虑到施工地的环境，对当地数据进行详细了解，然后精准设计，减少施工难度；对于

施工中需要的材料也要合理配置，减少资源浪费，减少工作的重复性，提高工作效率；对于建筑工程中需要用到的机械设备一定要进行详细检查，每一部分都要精细处理，选用高质量机器，降低施工的技术难度。在工作的最后要对工程进行复查，减少失误，及时解决掉失误，降低事故发生的概率。

（三）建立全面的工程安全保护措施

在施工中可能会出现工程坍塌、淹埋问题和坠楼情况等的安全问题。所以工程队要对不同情况做好防护措施，降低风险。也可以与保险公司合作将施工中的风险转移，降低工程公司的风险承受度。工作的提前准备一定要详细，对施工地进行详细检查，提前做好预防准备。也要做好工作人员的思想工作，让他们做好安全准备，减少事故发生概率。工作中的安全准备一定要全面,高效,让工作人员的安全得到更好保障。

（四）提高建筑施工项目所有人员的安全素质

人在所有工作中起到了决定性作用。所以建筑行业内的人员素质要达到一定高度，才能让这个行业的安全隐患被解决。行业内的每个人员都要有足够的责任心，对自己的工作百分之百负责，这样整体行业才能取得好成绩。每个人员还要具有最基本的安全意识，高层工作人员要定期进行安全意识的培养工作，逐步加强防范意识。还要建立专门的监督机构，对工程进行检查，及时发现存在的安全隐患，并提出解决措施。从基础人员到管理人员，从意识到行动，每一步的安全准备，都会减少安全事故发生的概率。

综上所述,安全无大小,在整个建筑工程中一定要将安全问题执行到底。每个工作人员的一定要具备安全意识，降低安全事故发生的概率。不断优化机制体系，转化风险。为建筑行业提供保障，提高行业经济效益，促进国民经济的发展。

第五节　建筑工程安全管理影响因素

从当前我国建筑施工现状来看，我国安全施工管理问题急需解决，为此，建筑施工管理人员应重视安全管理工作，构建完善的管理机制，保证施工人员能够严格按照要求施工，从而提升建筑工程质量，为建筑行业的稳定发展奠定坚实的基础。

目前我国在建筑工程安全管理与控制环节得到了一定程度的发展，但是整体来看我国建筑工程安全管理与控制质量不高，各种由于质量问题造成的建筑工程安全事故层出不穷。所以,我们一定要加强对建筑工程安全管理与控制的探讨,才能保障建筑工程的品质。

一、建筑工程安全管理影响因素

（一）从业人员素质低

从事建筑工程的一线工作的施工人员，大多数是农民工，自身文化水平较低，对于安全问题意识不够，当建筑企业对施工人员进行安全培训时，施工人员重视程度不够，只是走过场，导致安全知识匮乏。自我保护的能力不强，施工技术经验不足，当事故发生时，不能及时采取积极有效的应对措施。在施工过程中，凭借自己的经验施工，无视施工标准以及一些安全管理条例，造成安全隐患。

（二）对重大危险源认识不足

重大危险源指的是在施工易引起重大安全事故的问题以及行为。通过调查发现，在整个施工伤亡事故中有超过80%的事故都是因为高处坠落、物体打击、深基坑坍塌、触电和机械伤害引起的。但是有部分企业没有意识到这些危险因素的影响，没有对其进行防范和监管，同时也没有构建一套完善的事故分析和处理系统，导致施工安全风险居高不下。

（三）安全生产责任制不健全

当前我国内的工程建筑安全生产体系制度几乎等同于无，相关机构也只是有一个名称和摆设，并不能起到该机构应有的作用和能力，进而使得工程建筑的安全生产责任制未得以落实，安全生产指标也不能从建筑企业逐级递减的向下一级别落实，定制的安全责任制度也没有可考核之处。

二、建筑工程安全管理措施

（一）增强安全生产意识

树立安全管理思想，加强安全思想建设。意识是行动的基础，要想施工人员在施工中严格遵循安全原则和理念，首先需要增强安全施工意识，在心底里、脑海中树立安全第一的生产理念，并将安全生产落到实处。建筑企业的所有人员，包括施工现场的劳动主体和建筑单位的各阶层领导都必须树立正确的安全思想观念。只有领导认识到安全的重要性，安全思想才能真正在企业中树立起来；领导觉得安全很重要，才能使安全思想一层层往下传递，使劳动主体认识到安全的重要性，将安全思想牢固记在心中。对施工现场进行大力的检查，保证安全管理人员可以将安全管理深入到施工现场当中，保证施工人员的操作符合规范要求，避免危险操作，保证安全隐患能够及时的消除，对可能会发生的安全事故进行有效的预防，注重安全技术措施的研究及改进。

（二）做好现场安全检查，消除隐患

现场安全检查工作由项目专职安全人员直接负责，其形式可采取多种形式，如定期检查和不定期检查、专业检查、高危操作等关键工序检查。

安全检查制度的实施，可以提醒人们及时加强安全生产线，尽量减少安全问题的发生。安全检查和急救演练，可以一起进行，使人们熟悉的急救人员疏散的安全事故和疏散路线的事件，预防和准备，这是在高危作业，对防止安全事故发生群死群伤的帮助很大。

（三）创造良好的施工环境

①要做好建筑项目施工的功能分区，做好清理场地工作，从材料的堆放，设备的运输，和正是的施工都做出严格的场地划分，做到井然有序的施工，避免混乱；②建筑施工安全生产在任何时间、季节和条件下施工，都必须给施工人员创造良好的环境和作业场所，改变脏、乱、差的面貌。生产作业环境中，湿度、温度、照明、振动、噪音、粉尘、有毒有害物质等，都会影响人的工作情绪。作业环境的优劣，直接关系到企业的品牌和形象。

（四）积极引进先进施工技术，提升施工的施工技术水平

施工建设单位应加大在施工技术引进与施工技术创新上的投资，注重引进先进施工技术与自主创新相结合的发展策略，切实为施工提供更多的质量与安全保障。科技是第一生产力，施工单位应高度重视施工过程的监控，通过切实有效的监测技术，保障施工环节的每一步都能够符合相关的施工规范，切实增强技术执行的可行性，对施工人员的作业活动给予全方位保障。加强验收环节的质量监测，及时发现工程项目存在的问题，并督导施工人员做好返工，更加注重在安全管理上的执行力，切实提升安全管理的执行效果。

（五）践行安全文化，落实安全生产责任制

安全文化是企业文化建设中极为关键的一部分，班组安全文化建设的开展需要参考那些成功的安全文化建设成果，从"6S"安全管理标准逐渐推行到到"6预"安全行为养成，以将安全文化全面贯彻到企业生产的各个环节和时段之内。做好日常中

的安全宣传工作，并且领导人员需要积极发挥带头作用，通过行为、言语、视觉等多种方式来强化员工的安全意识，加深其对企业安全管理文化理念的了解和掌握，以便于其可以在实际工作中自觉遵守相应的安全规范、安全制度，将企业的安全管理文化融入到企业的各个生产环节和工作之中。

施工项目的安全管理包括很多方面，但也更复杂，所以在施工过程中需要一步一步的做这项工作的安全问题，不能忽视任何环节上管理应重视，下面的执行层将认真落实好安全宣传工作。施工安全涉及多方面，应引起高度重视。

第六节 建筑工程安全施工目标

近期建筑工程施工的安全问题被越来越多的媒体报到，国家有关部门也相继制定了一系列关于建筑工程安全施工的重要文件，以安全履约为目标，建立健全安全管理体系，完善各项管理制度，强化责任落实，深入开展隐患排查治理，加强安全生产过程监控、落实扬尘治理等工作成为建筑工程安全施工的主要目标。

一、安全管理思路

坚持"安全第一、预防为主、综合治理"的方针，贯彻"科学发展、安全发展"的管理理念，在生产经营工作中始终把安全放在第一位置，管理过程坚持科学的方法，使用安全管理信息系统等先进的手段，集中体现以人为本，最终实现安全管理目标，为施工生产创造和谐的安全环境。

二、事故控制目标

不发生重伤及以上安全生产性责任事故。不发生造成人员死亡的火灾。不发生因质量问题引发的工程安全事故。不发生群体性职业病危害事故；不发生节能减排违法违规事件，不发生环境污染投诉事件。固体废弃物、打印机、空调等设施维修更换墨盒、硒鼓、电池等处置有效，符合国家标准。生产、生活污废水排放符合当地排放标准。不发生对企业造成较大社会影响的其他事件。及时上报安全事故，不谎报、瞒报、迟报、漏报安全事故。

三、安全管理目标

建立健全安全管理各项规章制度并认真组织执行。在建项目安全评估率100%。员工（包括分包商员工）岗前安全、职业健康培训、操作技能培训100%，持证上岗率100%。4）在规定的时间内安全生产事故隐患整改率100%。特种设备检查检验率

100%、重要设施、重点部位的安全防护设施完好率100%。危险性较大分部、分项工程专项安全技术措施编制、审核、审批、论证、交底率100%。职业病危害项目申报率100%。工作场所职业病危害告知率、职业病危害因素监测率、主要危害因素等监测合格率100%，从事接触职业病危害作业劳动者的职业健康体检率100%。与所管辖施工队、班组安全生产责任书签订率100%。积极推行安全生产标准化工作并达标。组织综合、专项、季节和日常等安全检查，开展安全考核，对检查考核中发现的问题及时整改，实现闭合，检查考核覆盖率100%。

四、安全管理工作要点

（一）严格执行各项规章制度

认真履行安全职责，落实安全生产责任制，坚持"管生产必须管安全，谁主管谁负责"的原则，严格执行各项规章制度和操作规程，规范化、标准化组织生产，使安全管理工作再上新的台阶。

（二）做好安全教育培训和宣传工作，提高全员安全综合素质

安全培训，首先是安全意识培训，其次才是安全技能培训，而培养员工与管理层的合作态度，又被放在安全意识教育之前，也就是靠培养员工的合作态度来逐渐培养其安全意识。督促部门、班组开好安全会；适时提供安全信息和安全指导工作。使员工的安全意识不断提高和加强，做好人的本质安全管理工作。办好安全生产图片展览等多种形式的安全宣传教育工作。加强对员工的安全生产教育，提高员工的安全生产知识和操作技能，定期或不定期组织员工学习有关安全生产法规、法律及安全生产知识，做好新员工上岗及调换工种人员的三级安全教育，提高员工安全生产意识和自我保护能力，防止事故的发生；对特种作业人员进行专业教育和定期考试，做到100%持证上岗。认真组织学习和贯彻执行上级单位下发的关于安全生产的文件精神，不断规范和强化安全生产宣传工作。深入开展好"安全月"和安全生产竞赛活动。通过粘贴安全生产标语、发放安全宣传小册子、树立典型等开展形式多样的安全生产教育工作，加大宣传力度，达到以月促年的目的。提高员工遵纪守法的自觉性，增强安全意识和自我保护意识。

（三）做好安全生产专项整治、检查和日常巡查工作

为使隐患排查治理活动取得实效，及时消除各类安全事故隐患，按照上级单位及工程处的安全检查管理制度，对施工现场定期进行全面的安全综合检查，同时根据

季节变化开展各项专项安全生产检查,如季节性安全检查、防雷电、防火、防中暑等,发现问题后进行限期整改,跟踪复查整改效果并建立完善各级安全生产绩效考核体系,严格执行奖罚措施。

（四）合理使用安全生产管理费用,切实做到专款专用

认真贯彻执行国家关于安全生产管理费用的规定和相关文件中的规定和要求,严格审查安全生产费用的使用范围,合理使用安全生产管理费用,切实做到专款专用,切实改善一线工人的作业环境,避免安全事故的发生。

（五）加强安全防护用品及设施的监督管理

实行安全防护用品及设施准入制度。做好设备的管理、验收、定期检查保养工作。进入施工现场的大、小型机械设备应实行进场验收并按规定办理"准用证"制度,禁止使用不合格机械,并养成定期检查施工设备的习惯,做好机械设备的保养和维修,防止机械伤害、人员伤亡。

（六）防洪度汛

将坚持以"安全第一,常备不懈,以防为主"为指导思想,根据工地的实际情况,确定目标,落实责任,从防汛组织、责任分配、方案制定、防汛物资准备、应急预案及演练、防汛值班等各个环节的严格落实确保防洪度汛。

（七）环境保护

在施工现场设置重要环境因素公示牌,并安排专职安全员对重要环境因素进行监控,做好日常监测记录；组织开展世界环境日活动,加强环境保护宣传及教育；积极开展扬尘治理工作,督促各作业队严格落实"六个到位"、"七个百分百"及"两个禁止"确保扬尘治理达标。

（八）职业健康

根据技术部对职业危害因素进行辨识、评价,在现场设置职业危害因素公示牌、职业危害告知牌、职业健康警示标牌等,并挂设职业健康宣传横幅。开展《职业病防治法》宣传周活动,组织员工观看《职业病防治法》宣传片、开展了职业健康教育培训、在施工现场悬挂职业健康宣传横幅等活动。

（九）节能减排

组织对员工进行了节能减排专项教育培训,开展了低碳日活动,发起倡议书,倡

导大家节能低碳。日常对节能减排各项指标进行监测统计,并及时做好分析报告,做到有效监管。

（十）应急管理

及时建立应急救援组织体系,编制综合应急预案及各类专项应急预案,明确各部门和人员的安全职责、分工及事故报告、事故调查、原因分析、预防措施、责任追究、统计与分析等内容,并组织演练。坚持领导值班制度,进一步完善应急值守岗位责任制和值班制度。加强对值班工作的监督力度,实现专人24小时值班,确保通讯畅通,确保值守工作"纵深到底"。

第八章　建筑智能化管理

第一节　建筑智能化工程的项目管理

随着科学技术的快速发展，智能建筑在当代建筑中的地位不断攀升，智能建筑是一个综合的建筑环境，既包含了建筑设备物理环境，又包含了管理和服务方面的软环境，它的主体基础是建筑智能化系统，建筑智能化工程的核心是信息化。显然，对建筑智能化工程项目管理比起普通的项目管理具有更高的难度，因此做好建筑智能化工程的项目管理意义重大。

一、建筑智能化工程建设项目的组成

建筑智能化系统是为智能建筑提供信息通信、建筑设备自动控制、火灾自动报警、安全技术防范等功能的各种设备或子系统。它主要包括：楼宇自动化系统（BAS）、办公自动化系统（OAS）、通信网络系统（CNS）三大系统，这三大系统按照其功能可细分为多个子系统。其施工活动从管线施工开始，涉及设备采购、安装、调试、试运行、竣工验收各个阶段，以满足建筑物的使用功能为目标。

二、建筑智能化工程项目管理特点

建筑智能化工程作为建筑工程项目大类的一个分支，仍存在许多与建筑工程项目管理相同的特征，如工程项目目标的确定性、工程项目的阶段性、项目管理的综合性、项目管理的不确定性、工程项目约束条件等。由于建筑智能化工程项目的复杂性，决定了其管理应从管理体系、技术、计划、组织、实施和控制、沟通与协调、验收等各个环节入手，实施与其特点相匹配的管理才能保证达到工程项目的目标。建筑智能化工程项目个性化特征主要有以下几个方面：

（1）智能化工程其技术含量高、专业性强、涉及面广、知识更新快，导致工程管理的风险增大。

（2）软件作为智能化工程的基础，易引起项目设计阶段和和实施阶段的交叠，导致工程管理困难。

（3）信息技术发展迅速，信息类产品更新换代快，对系统的可扩充性和可维护性

要求高。

（4）对信息安全和系统的可靠性要求高。建筑智能化工程的安全包括硬件安全、软件安全、数据安全、运行安全、信息安全等因素，这些因素是智能化工程项目管理所必须考虑的。

（5）前期基础工作多，使得智能化工程项目管理周期长。前期基础性工作包括管理手段现代化、信息数据规范化，大量的数据资料管理，明确的用户需求分析，对以后建筑智能化工程的成败影响巨大。

（6）建筑智能化工程的系统性，对工程项目管理提出了更高要求。系统性主要表现在两个方面：环境的整体性和技术的集成性。

（7）建筑智能化系统依附于建筑体内，与建筑的其他系统具有直接相关性，需要配合其他工程项目，同时也需要其他工程项目的配合，因此建筑智能化工程项目对协调性要求很高，必须进行广泛的沟通与协调。

（8）建筑智能化工程对服务水平要求高，需要慎重选择服务供应商。为保证建筑智能化工程的顺利实施，保证工程完工后有良好的运行维护，选择服务质量好的软、硬件服务供应商至关重要。

三、建筑智能化工程建设项目管理内容

建筑智能化工程项目管理的内容，通常可以概括为如下四个阶段：工程项目的前期策划、工程项目设计与规划、工程项目实施、工程项目收尾等。每个阶段都有其特定的任务。为了最终提供满足建筑物的使用功能为目标，下面主要探讨建筑智能化工程项目实施阶段的项目管理。

（一）保证和提高建筑智能化工程的质量

建筑智能化工程质量会直接影响建筑物整体设备的安全运行以及建筑物投入使用后的使用功能。对建筑智能化工程进行科学管理是保证整个建筑工程质量的一个重要条件。

质量管理是建筑智能化工程项目管理中的重点之重，要通过科学制度、精心设计和优良施工来保证建筑智能化工程的质量。要建立健全完善的质量管理体系。从工程实体形成阶段，从提高管理、施工及操作人员自身素质，加强材料质量管理，建立完善的质量管理体系，确保施工工序的质量，加强现场跟踪检查，处理好工程质量管理与进度、效益的关系，加大监督管理工作，严格执行工程验收规范等几个方面进行管理和控制。

（二）加强项目安全管理，杜绝安全事故发生

安全管理贯穿项目始终，必须贯彻"安全第一，预防为主"的生产方针。在项目建设过程中，切实提高安全生产工作和文明施工管理工作，实现安全生产的标准化、规范化，预防伤亡事故发生，确保职工的安全与身体健康。

在做好日常安全管理工作的前提下，在项目部门的组织下，建立全方位、全过程的安全管理体系，制定个人安全职责，项目负责人要做好带头作用，带领各员工做到人人有责、人人负责。安全管理必须以人为本，严禁违反施工规范施工和片面追求施工进度致使出现安全隐患。

项目部应制定安全管理策划，组织相关技术人员编制工程安全施工组织总设计以及专项工程或分部工程安全施工组织设计等。

定期组织各阶层人员参加的安全培训，提高人员的安全施工意识，避免安全隐患的发生。

（三）加强项目成本管理，提高项目成本绩效

建立以项目负责人为中心的成本控制体系，并成立预算部门专门负责成本控制及索赔管理工作，做好成本的预测、控制和核算。

使用科学的方法，结合项目特点，根据项目的施工条件、机械设备、人员素质等对项目的成本目标进行预测，包括人工费用、辅助工程费的预测等，制订成本计划。通过合理分解成本计划，寻求降低成本的各种途径和措施，有针对性地进行成本措施表的编制，并落实到岗到人。

根据已经制定的成本计划，确立成本控制原则，在项目实施过程中对资源的投入、施工过程进行监督和衡量，采取相应措施，加强项目成本的全程控制和动态控制，确保项目成本目标的实现。

通过从组织、技术、经济合同管理等方面采取控制措施，有效控制项目成本。明确机构设置与人员配备，明确成本控制者及责任；施工阶段采取具体措施，充分发挥人员的主观能动性；采取有效的经济措施对人工费和材料费进行控制；加强合同管理，提高经济效益；通过加强质量管理，控制工程的返工率，避免因返工带来的无谓的投资。

（四）加强项目进度控制，确保满足工期要求

制定详细的进度计划，科学合理地对工程进度进行分解，有利于管理施工项目及施工进度，顺利实现项目的工期要求。尤其是建筑智能化工程项目管理的过程十分复杂，不但要配合土建、主体及装修施工，还要确保自身施工进度。因此，项目部应

建立以项目经理为主体，下面包括施工、合同预算部、各分包负责人、作业班组长等施工进度控制体系。加强进度绩效检查，根据进度偏差及时进行调整及处理，确保项目进度满足工期要求。

（五）加强项目风险管理，降低风险损失

加强项目风险管理，把可能遭受的损失降到最低限度，它是提高项目效益的重要措施。在施工过程中，要增加对工程项目的监管和风险管理的力度，突出施工技术措施和质量安全操作规程的到位，加强在施工过程中对风险因素进行评估、预防和控制，减少风险的发生和保证发生风险时能采取有效措施予以弥补，从而达到减少损失、降低成本、提高效益的目的。

同时，依照国际惯例实行施工全过程的投保，建立施工保险机制。强化工程一切险，确保现场施工人员意外伤害保险的落实。

（六）加强项目合同管理，控制工程成本

合同管理是施工企业管理的重要内容，也是降低工程成本，提高经济效益的有效途径。项目施工合同管理的时间范围应从合同谈判开始，至保修期结束止，尤其加强施工过程中的合同管理，抓好合同管理的攻与守，攻意味着在合同执行期间密切注意我方履行合同的进展效果，以防止被对方索赔。合同管理者的任务是天天念合同经，在字里行间寻找机会与措施。

（七）加强项目的协调管理，及时解决施工中出现的问题

建筑智能化工程项目是综合性很强的一类工程建设项目，涉及的参与方多且组织结构复杂，同时智能化工程项目建设持续的时间较长，因此沟通与协调管理在这类项目的实施过程中显得更加迫切，是建筑智能化工程项目成功实施的主要保证。

在项目管理中，最重要的工作之一就是协调沟通，良好的交流才能获取足够的信息，发现潜在的问题，控制好项目的各个方面。实践证明，尽早沟通，主动沟通就是其中的两个非常关键原则。项目例会、现场协调会是解决项目存在问题最高效的办法，也是参建各单位加强沟通、交流的良好渠道，一定要利用好这一汇报交流的机会，会前做好充分的准备，把需要解决的问题罗列清楚，形成书面的资料，提前把问题提交给相关人员。

（八）加强现代化的项目管理，确保项目目标实现

建筑智能化工程项目管理要提倡创新和全面的系统管理，要合理应用工程项目

管理新方法，接受先进的现代化项目管理理念。建筑智能化工程项目管理重视的是预期成果及其为实现这个结果而形成的整个过程。

在建筑智能化工程项目管理过程中，要运用各种现代化管理方法，如网络技术、系统工程等现代化技术，从而确保建筑智能化工程项目管理目标的有效实现。

对建筑智能化工程实行有效的项目管理能够促进观念转变，提高员工劳动效率和安全意识，确保工程质量、成本控制、合同管理、风险管理、信息管理等，提高了企业综合竞争力。但是由于项目管理是一项复杂的系统工程，管理部门应积极支持和重视，只有建立完善的管理控制体系，才能做到管理一流，效益一流，提高施工企业的经济效益，增强企业的竞争力。

第二节 基于建筑智能化系统工程项目集成管理

经济的发展必伴随着大量建筑工程的兴建，而在现代科学技术高速发展的当下，建筑工程中也开始大力发展智能化，使得智能大厦大量出现。在建筑智能化建设中，如其他工程建设有需要重要把控的关键点一样，其的关键点把控就是项目集成管理。并且建筑智能化系统工程项目集成管理也是实现该建筑安全和效益的重要衡量标准。因此，做好对建筑智能化系统工程项目集成管理的分析工作，有利于相关人员的整体把握和局部控制，以实现建筑智能化的有效建设。

一、建筑智能化系统工程项目集成管理的重要性

当前，集成管理在建筑智能化系统工程项目中占据着十分重要的位置。主要是由于建筑智能化所涉及的项目多样且相关技术要求也高，从而需要集成管理以实现项目间的有效关联，避免因一个项目问题而致使整个项目组失效，同时也能提高项目间的关联度，助利于整个项目组的协调运作。同时，在建筑智能化的项目管理上，还需要在项目进度、质量、成本管理上加入安全、效益和满意度等的管理，以满足建筑商和用户的双向需求。并且随着社会的发展，在项目集成管理上本身就需要进行相应的改造和升级，不断提升管理水平和效率，以满足现代项目的要求。

另外，建筑智能化主要还是依托于整个建筑物，并在其内部进行相应的智能化配置，从而实现建筑设备、通信和办公的自动化，以使建筑物内人群活动更加便捷，因此，项目集成管理有助于实现建筑智能化系统工程形成一个有机的整体，并在其有效的管理下发挥出各部分的作用，从而完成质量、效益、满意度等多方的要求。同时，随着项目集成管理的不断发展进步，会促进建筑智能化系统工程在更统一、更协调

的管理下，不断提升信息的交流和共享效果，从而实现效率与质量的双保证。并且对建筑智能化参与的各方合作者来说，在集成管理下，使得各项目的负责人之间能够实现有效沟通和协调，以最大程度上实现合作效益最大化。

二、建筑智能化系统工程项目集成管理的设计

在大多数的建筑智能化系统工程中，其的项目都是一次性的活动，因此，在对项目集成管理上需要重视项目本身的生命周期。而为了提升项目集成管理的水平，保证管理的持续性和有效性，则需要做好对项目周期的延伸和完善工作。因此，在建筑智能化系统工程项目集成管理的设计上需要从管理主体、管理过程和管理传控三部分进行细化和系统化建设，从而保证集成管理的有效性。例如，在项目集成管理的设计上，就可以将管理主体进行细化分为项目客户、专家、监理单位、供应商等，在管理过程上则需要做好决策、设计、计划、施工、运营和评价之间的循环，而在管理传控中则积极运用信息技术等手段完成项目的监督、相关信息的发送、接受和相关行为的放行、阻止，以得出最佳的管理效果。

三、建筑智能化系统工程项目集成管理的要点

在建筑智能化系统工程的项目集成管理上，同样需要根据相关因素进行阶段性管理，并根据不同段的要求进行相应管理，本节则根据项目的生命周期划出决策和设计、计划和施工、运营和评价三个阶段，并对这些阶段的管理要点进行阐述。

（一）项目集成管理的决策和设计

在对项目集成管理的决策和设计上，主要是依据客户给出项目原始要求，对相关项目计划中的设计要求和相应标准、工期、成本等内容进行初步评估、核对和审核，以实现项目的可操作性，同时还需要依据客户要求进行相应地方的设计讨论、调整和对相关细节点的着重注意，从而使项目设计在可实现操作下符合客户预期构想，从而避免因为决策和设计环节出错而影响之后的验收工作。

（二）项目集成管理的计划和施工

在对项目集成管理的计划和施工上，主要是根据相应的项目设计要求制作合理、标准的施工计划，而施工则需要严格按照设计图纸和施工计划的相应流程实施，并做好相关设备的安装、调试等工作，以确保施工过程不受设备因素影响。此阶段属于整个项目的关键部分，因此，在此阶段，需要做好相应的统一、协调工作，完成对施工质量、进度等的有效管理，从而助力于该项目的顺利完成。

（三）项目集成管理的运营和评价

在对项目集成管理的运营和评价上，虽然此阶段的项目工程在某种意义上已经完成，但是在管理上也还没有完成，还需要对项目是否运营有效以及客户、专家等对项目提出的相应的维护、扩建要求等进行相应的调整，同时根据相应的运营、维护、扩建等效果做出相应的评价，并根据这些评价进行对应的调整，从而保证项目在保证质量安全下能够满足客户要求，同时也能够实现项目的效益。

综上所述，建筑智能化系统工程在建设中所涉及的行业更为广泛，在建筑技术的基础上还需要充分结合信息技术、通信技术等先进技术，因此，在该项目上，对专业性的要求很高也很复杂，而为了实现各部分之间的高效合作，就需要加强集成管理。不过，由于建筑智能化整体上还处在起步发展阶段，因此在对集成管理上也还需要加强理论研究和相关实践，以促进整个行业的发展和进步。

第三节 建筑智能化系统的设计管理

随着科学技术的不断进步，建筑智能化系统工程取得了显著的成效。在现代化的建筑工程中，该系统已经成为不可或缺的一种技术了。但是，受到很多因素的影响，该系统工程的设计施工中依然存在着许多问题，严重影响了设计施工的水平。笔者根据自己的经验，对建筑智能化系统工程设计施工的现状与问题进行了以下探讨。

一、设计施工的基本原则

（一）设备的可靠性

智能化系统工程施工中所用的设备应当具备可靠、成熟、安全等特点。为了满足用户的不同需求，设备性能应当具备稳定、技术先进、灵活扩展以及操作简便等特点，可以对突发险情进行及时的处理，在整体上提高现代化管理的水平。

（二）实用性、经济性

在设计施工智能化系统工程时，应当满足长期经营需求的基础上，对其进行统一的设计，并分步逐一实施，通过先进、实用的系统来减小管理的成本，提高工作的质量与效率，进而为用户提供最优的生活、办公环境。

（三）灵活性

在设计建筑智能化系统时，应当根据各个子系统的先进技术来控制、管理整个建筑工程，并协调好各个系统信息的集成性、整体性以及互联性，达到建筑功能自动化的目的。

二、建筑智能化系统设计管理措施

（一）建筑智能化设计进度管理

建设方对设计进度管理的方法，总结如下。

1. 确定设计周期时间

确定设计进度时间的方法很多，比如模糊随机、神经网络、关键线路法、灰色建模等。根据建筑智能化设计的特点，选用计划评审技术对进度进行管理。应用PERT进行进度计划，使用活动持续时间三个值（最乐观值、最可能值和最悲观值）的加权平均，用概率方法估计估算值。

2. 根据合理的设计周期目标确定进度计划

建筑智能化的最后阶段即施工图设计工作，必须合理地确定施工图设计交付时间目标，以确保工程设计进度总目标的实现。为了进行有效的设计进度控制，还可以绘制甘特图，把设计工作成果分阶段化表示，使得控制结果更明确。

（二）建立智能化设备材料选型库

目前市场充斥的建筑智能化产品名目繁多、鱼龙混杂，新兴产品和新兴厂家层出不穷。建设方想在短时间内对市场有足够的了解是不可能的，如果建设方是长期进行建筑智能化建设的，那么投入少量资金建设一套符合自身需求的智能化设备材料选型库是非常可行的。

在建筑智能化设备选型库成立后，建设方应要求设计方在设计过程中严格选用库中的设备材料，根据项目的不同选择档次可以分为中高低档等，也可以根据价格划分。这样既保障了设计成果中智能化设备材料的选择和造价问题，又为施工过程中智能化设备材料的选购和安装做足了准备。

（三）规范设计行为

企业在日常的设计过程中，应当严格的按照国家规定的设备与子系统名称来进行设计方案与设计图纸的撰写，并需要充分的保证设计与招标过程中其设备与子系统名称的标准化与规划化，只有这样才能够与施工单位达成一致，才能够进一步的保障整个智能化系统工程的正常运行。

（四）做好设计人员培训

对本企业的设计人员进行定期的培训教育工作，并鼓励员工们积极参加一些高水平的设计培训机构。此外，还应当派发设计人员们去施工场地进行系列的实践学习，而只有掌握了较强的实践能力，才能够做出一个更加优秀的建筑智能化系统设计方案。

（五）保证后续设计工作的要求

对于设计单位来讲，不是拿到设计费就表示该次设计任务已经完成了，还需要改设计单位充分的重视起设计后续工作的跟进。在进行完建筑智能化的系统设计之后，设计单位还应当充分的重视后期工作的重要性，并需要本着负责任的态度来将该设计跟踪到底。而在建筑的智能系统设计图由施工方进行了深化设计之后，设计单位还应当对施工方所制作的深化设计图进行相关技术参数的认真审核与确认，并且充分的保障该智能化设计的完整性与可靠性。

三、建筑智能化系统工程设计施工

某建筑总面积大约为112700m2。该建筑分为1~3号楼，1号楼地上24层，地下为3层，主要为某单位办公场所，包含接待区、办公区、会议区、餐厅、主机房等，地下1层为物业办公区、高低压配电间、冷冻机房，地下2~3层为停车场。2、3号楼为配套酒店式公寓。其中智能化系统建设包含了计算机网络系统、综合布线系统、无线覆盖系统、有线电视系统、视频监控系统、门禁系统、入侵报警系统、电子巡更系统、紧急广播系统、智能一卡通及停车管理系统、视频会议系统、信息发布系统、大屏幕系统、多媒体工程、机房工程、环境监控系统等多个子系统。

（一）安防系统

本次智能化系统工程中，建立了结合视频监控系统、电子巡更系统、门禁系统、入侵报警系统智能一卡通及停车管理系统、可视对讲系统等全方位、多角度的安防系统以确保达到综合防范的目的。视频监控系统利用全覆盖的视像监控的可视手段满足大楼的监督管理要求及发生案件后的查证需求，整个系统由摄像、传输、控制、显示、记录等若干部分组成；巡更系统采用无线巡更方式，在各楼梯间设信息钮，安保人员使用无线下载器下载内部信息，巡视一周后将信息钮内信息传至巡更主机；门禁系统采用联网式的系统，控制人员的进出。

（二）通信网络系统

布线系统主要含有5大子系统，分别为设备管理间、垂直干线、楼层管理、水平、工作区子系统。其中垂直干线子系统主要使用五类语音、千兆光纤主干电缆；水平子系统主要使用六类线缆；而综合布线系统的中心机房通常建立在设备层的网络与电话机房中。

（三）设备管理系统

建筑设备自动控制系统通过管理、测量、监控一些机电设备，包括排风、高低压配电、给排水、通风、空调、热交换器以及冷水机组系统等等，来实现减小成本、节省人力与能源的目的，并确保机电设备稳定、可靠、安全地运行。

随着科技的不断发展，使得建筑的智能化系统也得到了很大程度的提升。本节介绍了建筑智能化系统设计管理方法，希望具有一定的价值。

第四节　基于BIM的办公建筑智能化运维管理

建筑全生命周期包括前期设计阶段、施工阶段、竣工验收阶段和建筑运营与维护阶段。运维阶段作为最后一个阶段，所涉及的工作时间长、内容多为复杂，管理的难度较大，是管理建筑中所有设备设施，整合工作人员的过程，包括建筑能源消耗的管理、空调暖通设备维护维修、发生火灾等突发状况时的应急管理等。传统的建筑运维管理大都还是借助电子表格存储相关数据信息，缺乏标准化的运维信息管理标准和直观的信息交互平台；同时在建筑设计、施工阶段的数据信息难以完整地传输到建筑运维阶段，运维人员还需查阅过去的文档资料，这无疑对运维阶段的管理产生较大的影响。例如，在建筑施工过程中常会涉及到变更签证，导致施工图纸发生调整和变化，如果在这个过程中未将修改的设备数据信息保存，将会给后期运维阶段管理增加难度。

BIM技术作为新兴的设计、施工和运维管理方法，可借助BIM模型实现建筑信息的交互，它能够将一个建设工程项目全寿命周期内的所有信息综合到独立的建筑模型中，实现建筑全过程管理，为建筑运维阶段管理提供完整真实的数据信息。例如，BIM模型中涵盖的建筑房间楼层信息、单个房间长宽高等几何信息、房间面积信息、房间内部的桌椅，电脑，打印机等设备设施参数信息，都是运维管理的主要依据。将BIM技术运用在建筑运维阶段，不仅可以实现设计、施工和运维阶段所以信息的交互共享，还可以确保相关数据的真实性，满足运维用户需求，提高建筑运维效率。

本节研究办公建筑,借助 BIM 模型,构建智能化的运维管理平台框架,结合数据挖掘、智能运维技术和管理方法,实现建筑运维过程中的空间管理、绿色管理、火灾应急管理的智能化,并通过建筑运维过程中的数据信息进一步优化 BIM 模型和建造管理流程。在空间管理中,结合使用空间使用分析(Space usage analysis,SUA)理论,实现任意房间面积、楼层信息提取并使用数据挖掘满足用户需求和可用空间的匹配;在绿色分析中,借助无线传感技术搜集室内建筑温度、湿度和建筑光照等信息,实现基于 BIM 的实时能源监测;在火灾应急管理模块,主要功能是实现建筑内部发生突发状况时,人员逃生路线规划。

一、BIM在建筑运维阶段研究现状

基于 BIM 的设计、施工阶段被众多专家学者广泛关注,但在涉及其运营管理阶段的 BIM 应用相关研究却很少、且早期 BIM 文献中也较少关注 BIM 的全生命周期应用。2007 年以来,越来越多的学者开始关注 BIM 的全生命周期的应用,尤其关注到 BIM 在运营维护阶段的应用,其定义 BIM 为通过使用标准化机器可读的信息以帮助建筑设计、施工、与运营维护阶段的改进。通常情况下,业主和其他建设项目的利益相关者更关注建筑的初始设计和建造成本,因为它们会在较短的时间内对整个项目的生命产生严重的影响。然而,建筑物在其生命周期中持续的维护和运营成本远远超过了最初的建设成本。Teicholz 指出建筑项目中设计与建设阶段的费用一般只占 20% 左右,而近 80% 的费用会耗费在运营管理阶段。Esteban-Millat I 等认为建筑物整体生命周期成本可能比初始投资成本高 5~7 倍。建筑运营和维护成本远远超过了最初的建设成本。在建筑使用阶段,客户和所有者的高昂投入使得越来越多的专家学者关注到结合 BIM 应用的运营阶段。

(一)运维阶段空间管理研究现状

在建筑运维空间管理过程中,BIM 技术能够为管理者提供三维立体、可视化的建筑模型,直观的查看建筑室内房间布置状况,克服了传统运维管理二维户型图纸抽象问题。

倪青认为 BIM 技术对于物业空间管理具有极大的帮助。作者通过给每一个车位安置车位探测器来监测停车场车位空间状况,并将数据与 BIM 模型实时交互,展示车位使用状况。Becerik-Gerber B 等表明 BIM 技术涵盖几何信息、参数信息等可以为运维管理者提供可视化的空间管理平台,模型中的空间属性信息、空间使用类别以及三位可视化工具可以有效的识别当前已被占用、还未被占用的空间信息,为用户需求向可用空间的匹配提供数据支撑，虽然作者还未将此框架实现，但为运维阶段空间管理开阔了思路。Diakite A A 等等提出了灵活空间划分框架(Flexible Space Subdivision Framework，FSS)，作者认为现代人大都是在复杂的室内办公生活，传统的二维平面图往往忽略了室内环境特征及环境复杂性，如室内家具布置、室内外周围环境等，辅助室内活动的应用和工具也应该受到研究者的重视。而 FSS 可以有效的根据用户需求进行复杂空间的室内导航，快速的找到最短路径，帮助用户快速的适应复杂的室内空间。

SUA 理论是通过分析建筑室内空间使用状况来预测建筑空间利用率。Kim 等创建了可规范化的本体，提供公共词汇表来表示用户活动的信息，以计算机可解释的形式表达用户活动，为后续建筑室内可用空间与用户匹配奠定基础。Kim 等还设计了自动化空间使用分析方法，通过划分空间使用类型(Space-Use Type Differentiators SUTDs)，如常规活动和非常规活动，一般用户和重要用户等，实现建筑活动可使用的空间和用户需求相匹配，在这个过程中，用户还可以随意查看可用的空闲空间以及已被占用的空间。Chen X B 等则在六种 SUTDs 基础上，新增空间类型即允许使用灵活空间和不允许使用灵活空间，实现用户活动到可用灵活空间的自动匹配。

综上所述，有关 BIM 运维阶段空间管理研究内容较少，已有的研究也停留在物业空间管理及室内空间导航，暂未涉及基于 BIM 的建筑物内部空间分配研究；且传统的 SUA 理论仅考虑是否单独占用该房间、房间内是否有相关设备设施等用户需求因素，而为考虑房间面积、周围环境等状况，因而将 BIM 和 SUA 相结合的建筑室内空间分配研究具有较大的发展空间。

（二）BIM在绿色管理研究现状

绿色管理就是指在建筑运维阶段最大限度的节约资源，包括节能、节水、节电等，达到有效利用资源，保护环境的目标，为人们提供舒适的办公和生活空间。

在能源消耗方面，Motawa 等认为基于案例推理的方法(Case-based Reasoning，CBR)可以和 BIM 技术相结合，构建基于知识管理设计了能耗管理与分析平台。管理者可根据以往案例库数据分析能源消耗的合理数值，推动 BIM 技术向建筑知识模型(Building Knowledge Modeling)的转变。Eguaras-Martínez 等认为传统的能耗评估法都没未考虑使用该建筑物的用户需求和真实行为，设计了完整的建筑能耗评估框架，该框架包括体系结构元数据、关键业务流程以及由此产生的使用者行为模式以及整体环境条件等，并以西班牙一所医院和商业建筑作为评估对象，证明了框架的合理性。Ren G等解决将太阳能收集设备集成到围护结构中时面临的太阳热能和电能收集、传输、利用效率低下和建筑外观不美观的问题。在人体热舒适度分析方面，Natephra等认为当前的BIM技术无法依靠自身的数据库信息验证建筑物内部热性能，仍需专业的建筑人员借助工具检测室内热缺陷位置来调节热性能和室内人体舒适度。文章提出使用可视化脚本提取室内热空气数据，并将所收集的环境数据集成至BIM模型中，计算包括平均辐射温度在内的热舒适度变量，为室内用户舒适度评估和调节提供有效的方法思路。Mohamed等将无线传感器网络(Wireless sensor network，WSN)设置在地铁车厢内不同的位置来收集地铁内不同空间的温度和湿度信息，并将读取的数据全部导入BIM模型中，运维管理者能够借助BIM实时的查看当前地铁内热环境信息。

在绿色管理中，有关能耗分析的研究成果较多，对于建筑室内工作生活的人们舒适度分析研究则相对较少，但随着社会的不断发展，"以人为本"的理念已深入人心，对于建筑使用者的舒适度评价或成为研究趋势。

（三）BIM在火灾应急管理中研究现状

BIM技术拥有的三维可视化功能，能够便捷的查看建筑内发生火灾的准确位置，并通过实时添加消防设施创建临时人群疏散环境，模拟人员疏散合理路线，具有较大优势，因而基于BIM的火灾应急管理研究也越来越多。

Zhang Y F等将BIM模型和无线射频识别技术(Radio Frequency Identification，RFID)相结合，实现非接触式结构构件状态扫描。用户可通过设置的RFID标签对建筑内部结构发生断裂、损坏或发生突发状况的位置快速识别并预警提醒，同时在BIM模型中可以清晰地查看对应的结构单元，避免拆除覆盖建筑物来查看问题的繁琐工作。除了使用RFID进行预警外，还有较多的学者借助地理信息系统(Geographic Information System，GIS)感知外部环境信息，实现建筑运维阶段的火灾应急管理。Teo T A等基于BIM的多用途网络模型(Multipurpose Geometry Network Model，MGNM)，提出"入口连接道路"的方法，自动生成连接室内、入口和室外的详细路线规划。该研究采用GIS与BIM集成的方法，提高了火灾情况下应急疏散速度。Chen L C等提出基于三维集合网络模型(3D Geometric Network Model，GNM)和BIM的火灾模拟框架，旨在利用GIS分析消防模拟的三维空间数据，确定发生火灾时，消防云梯最佳部署位置，能够有效地缩短消防火灾事故反应时间。Cuesta A等提出了一种适应复杂建筑类型的火灾疏散路径决策方法。该算法基于随机疏散模型预测，将火灾危险源位置等数据考虑在内，可实时提供安全疏散路径。Singhal K 等建立了基于蚁群算法的应急行为决策方案选择,根据过渡概率准则,该算法研究了救援过程中会产生的物理干扰,如堵塞等,并且还可以对各种应急决策下的时间、效果等进行比较分析,最小化消防人员救援时间。

综上所述,有关火灾应急管理的研究主要包括三个部分,即火灾发生前提前预警、火灾发生地点快速定位和火灾救援过程中的疏散逃生路径选择。对于火灾发生时楼宇管理人员确定救火逃生应急方案的内容研究较少,而如何在紧急的状态下快速地作出反应和决策,对于减少灾情损失和争取火灾救援时间具有十分重要的作用。

二、基于BIM的办公建筑智能化运维管理

(一)基于BIM的办公建筑智能化空间管理研究

基于 BIM 的智能化空间管理平台拟实现的功能包括查看当前可用空间、当前已被占用空间、用户需求和可用空间的智能化匹配,旨在提高空间分配效率及准确性,为用户提供舒适满意的活动空间。

1. 基于 BIM 和 SUA 的空间管理用户需求研究

为适应基于 BIM 的空间管理,本节对 Kim 设计的 SUTDs 改进为三点,并在用户需求中综合考虑房间面积大小、房间的位置等多种因素。其中 SUTDs1:用户活动分为常规活动和非常规活动。在办公建筑中,常规活动就是用户日常在办公室办公;非常规活动即是某些讲座、会议活动。其中办公室包括单人办公室和多人共用办公室两种类型。SUTDs2:用户属性可分为重要用户和常规用户,以用户职位进行划分。无论是重要用户还是常规用户,都可以进行常规或非常规活动;SUTD3:用户空间选择方式包括按个人偏好智能分配和最低空间需求分配。(本节默认个人空间偏好要求优于或等于最低空间需求)只有重要用户才能够进行个人偏好分配,个人偏好分配有两种类型,一种是自己主动查看满足需求的房间进行选择,另一种则是在可用房间数量较多的情况下,系统智能化推荐最适合的房间自动匹配。常规用户只能使用最低空间需求满足功能,默认最低空间需求是每位用户都有一个办公座位。

本节通过问卷调查和文献查阅的基础上确定了以下用户需求,包括所选房间面积大小、房间室内空间布局、室内采光、房间距离出入口距离、室内配备的设备设施状况、房间属性类别,即该房间是单人间还是多人共用、房间共用者信息。

2. 基于 BIM 和 SUA 的智能化空间管理框架设计

基于BIM和SUA的空间智能分配及优化系统，需要通过实时提取BIM模型中的建筑空间参数信息，如房间楼层信息、室内房间面积、房间长宽高、房间内部设备设施、族信息等，用来满足用户对空间的需求筛选。空间分配平台将设计智能空间分配算法和房间推荐算法，借助所收集的用户需求数据及选择房间的海量历史数据，根据需求面积空间大小、空间周围环境、空间所需楼层、室内空间设备大小、设备需求空间、已有空间存量等筛选条件。在此过程中，BIM模型将结合基于用户邻居模型的KNN智能化算法分析当前可使用的建筑空间。仅要依据用户的需求进行逐条筛选，还需要满足最初设定空间目标设置，如将房间面积50m2设置为可选择的房间面积上限，则在智能化空间分配中，当用户需要60m2的房间类型，系统会自动提示需求超过设定标准，无法满足。满足用户需求和设定的空间目标后，最终系统选择满足要求的房间。智能化房间分配系统拟根据满足需求的房间数量分多次提供最终合适房间，首次推荐2~3个满足用户空间需求的房间和相关问题(旨在获取用户深度空间需求信息进行数据挖掘)，根据第一次获取的问题答案，智能化推荐算法将计算更为合适的房间号并展示，直至房间分配及推荐算法计算最为合适的房间。用户也可以返回查看之前分配的房间号，自主选择满意的房间。若当前满足需求的房间数量不足以实现推荐，如数量只有1~2个，分配系统将所有满足的房间提供给用户自行选择，并记录用户选择的结果。

实现智能化空间分配管理的关键技术包括3点，首先构建相关数据库。所需数据库包括用户对空间的需求信息库、用户选择空间的历史信息记录库和室内空间布局案例库。采集用户需求信息，关联用户个人档案，以及用户每次选择房间的历史记录，并将其积累存储；用户选择空间的历史记录是在多次选择房间的基础上数据集成，经过数据挖掘技术找出用户房间选择偏好；室内空间布局案例库是由大量图片和信息化模型组成，根据室内家具、设备设施等数量进行分类。其次，采用空间使用分析理论指导BIM平台空间智能分配的开发，并针对性的对该理论进行优化，增加用户最为关心的室内空间面积大小、室内空间内外部环境等信息，满足用户需求筛选。在可用空间智能分配推荐部分，采用智能化推荐模型空间智能分配及优化平台功能实现。

（二）基于BIM的办公建筑智能化绿色管理研究

在建筑运维阶段实时监测楼宇的能耗在内的可持续性能十分重要，但这是一项复杂的任务，因为运维阶段的建筑信息需要从建筑不同阶段不同利益者中收集。而BIM可以集成、存储和管理建筑全生命周期中的信息，包括前期设计方案、设计图纸、施工过程中的施工信息、签证、竣工图纸、运维中的设备参数信息等,被认为是监测建筑物在其运维阶段绿色、可持续的宝贵工具。基于 BIM 的运维阶段绿色管理主要包括能耗分析、碳排放分析、自然通风分析、室内外光照分析、水循环分析和人体舒适度分析 6 个方面。

1. 基于 BIM 和无线传感技术的舒适度研究

人体热舒适度评价指标 (Predictive Mean Vote, PMV) 主要考虑温度、空气中的湿度、空气流速(即风速)、平均辐射温度、人体代谢率和服装热阻 6 个方面。这 6 个主要因素可以分为两个方面,如前 4 个为环境物理变量,后两个是人体参数。而对办公建筑而言,空气平均辐射温度主要取决于人体位置,所以本节基于 BIM 对 6 个指标进行改进,主要考虑温度、湿度、风速、人体距离空调设备距离、人体代谢率和服装热阻。

其中温度、湿度和风速 3 个指标可以通过温度湿度测量仪器和风速仪等无线传感器实时收集,收集的数据信息可借助 API 接口提取集成至 BIM 模型中。一般而言,人体代谢率受人的体重、健康、心情因素的影响,但这些因素只能通过对每个人测量的方式获取,实施难度较大,因而本节将该指标值定为固定参数 1.2。服装热阻值主要取决于人体衣服穿着厚度,本节根据春、夏、秋、冬季节设计 4 个服装热阻值,分别为 0.8、0.5、0.9、1.2。人体距离空调设备距离则借助 BIM 模型中的数据信息,通过 C# 语言进行自动计算,并实时计算出每位用户的 PMV 值,而每个 PMV 值都对应相应的舒适度,包括寒冷、凉、微凉、舒适、稍暖、暖和热七级标尺。

基于 BIM 的智能化人体舒适度除了自动化计算各时间段每位用户的人体热舒适度值外,还可以根据平均 PMV 自动调节室内温度。首先,本节分别计算早上 (9:30am)、中午午休 (12:30am)、傍晚 (5:00pm) 三个时间段的用户 PMV 值,并计算均值对应舒适度标尺。对于寒冷、凉、微凉的情况下按舒适度级别调高温度,并在调节后 30min 内再次监测舒适度,防止自动调节温度过高等;对于稍暖、暖、热的情况下按舒适度级别降低室内空调温度,同理在调节 30min 后再次监测,直至达到舒适状态。BIM 模型将存储所有温度调节记录以及各舒适度下温度调整幅度,后期可根据存储的温度调整记录库进行数据挖掘,制定各级别下温度调整范围标准,避免多次监测来调整空调温度至舒适状态。

2. 基于 BIM 和无线传感技术的智能化绿色管理框架设计

基于 BIM 和无线传感技术的办公建筑绿色管理首先需要集成建筑室内外环境信息和室内设备设施运行数据,构建完整的数据信息模型。基于 BIM 模型的能耗分析，通过实时监测耗能设备运行数据，并进行能耗仿真，旨在对能源消耗分析、获取节能方案措施。基于BIM模型的碳排放分析需要将建筑外部地理环境和室内光环境、热环境数据结合，计算建筑各环节过程碳排放量，针对分析的结果采取优化方案，包括室内光亮、温度等调节。基于BIM模型的人体舒适度分析，利用构件ID实现传感器数据及设备运行数据与对应设备的关联计算人体PMV值，针对用户平均PMV值来智能化调节空调和通风系统提高室内舒适度。基于BIM的光照分析是借助传感器实时采集的室内外光照、温度、建筑表面辐射，模拟不同天气状况下室内自然照明和人工照明亮确定色温和光效。基于BIM的水循环分析包括水资源利用分析和水资源分配分析，在这个过程中要考虑到办公建筑室内外用水量及用水处，设计雨水和污水收集转换系统用于建筑室外景观、绿化用水。其次还需借助BIM集成的水循环模型，对比各月份各单位用水量，模拟分析合适的用水量进行方案优化，实现水资源分配精细合理化，并对各单位预留部分水量，防止分配不合理。结合构建水资源分配记录数据库，分析各单位最合适的水资源分配量，旨在高效利用水源。

（三）基于BIM和大数据的火灾应急管理研究

办公建筑火灾应急依赖于火灾险情发现及时性和火灾救援及时性。近年来，较多的学者开始将BIM作为室内火灾应急管理的有效工具。BIM拥有可视化、协调性、优化性、模拟性等特点能够集成多个传感器数据信息对建筑内部运行状况实时监测，一旦发生险情快速预警。其3D可视化模型将建筑内部立体直观的呈现，便于运维管理者查看建筑内部火灾发生地及当前人流分布，合理规划人员疏散逃生路线，同时BIM模型还可以构建火灾仿真场景进行模拟，具有强大的优势。

火灾发生的后首要做的工作便是要快速的采取措施生成应急预案。本节设计基于BIM和大数据的火灾应急管理案例推荐系统，旨在火灾发生时快速的提供合适的应急措施方案。

火灾应急管理案例推荐系统首先要建立火灾救援案例数据库。每个案例需要以文字形式展示，内容包括介绍各火灾发生时的基本信息，例如：火势大小、火灾发生时现场人数、采取措施以及各点快速逃生路线等。火灾救援案例则需要针对该栋建筑，进行数次火灾模拟仿真获取，为了实现逃生路线的快速规划，模拟仿真需要根据基场内人数、火灾发生时长、火势大小及火源发生地点四个条件展开，数量达到大数据标准，从而保证匹配灾情信息，提供最准确、合适的应急方案。

其次，要实现案例推荐功能必须要满足一定的筛选条件即火灾发生时场内人数、火灾发生时常、火势大小、火源发生地点。其中，场内人数可以通过办公建筑各单位打卡数据获取；火势大小分为高、较高、中、较低、低五个层次。本节设定只有超过中等级的火势才会采取救援和逃生措施，火势等级根据火灾现场二氧化碳排放量及室内墙、地板、天花板等构件温度数据自动分析，所以在火灾模拟仿真前需要确定各火势等级对应的二氧化碳排放量及温度范围。

首先，为确保及时地发现火灾状况，办公建筑运维需要有多数据传感器进行日常监测，包括建筑室内温度、室内二氧化碳含量、建筑构件温度数据，借助视频监控等手段，将所有的数据信息实时收集至数据库并集成至 BIM 模型中。根据监测的数据，系统可以发现建筑物内着火点进行提示，并通过强度等级评估火势大小，判断是否需要启动火势预警功能，防止系统判断失误或火势范围较小等造成人群恐慌，本节设定对超过中等级的火势进行预警，火势等级确定依赖于局部二氧化碳浓度、建筑构件如墙、梁、板等温度。一旦发生预警，即需要对火灾应急快速做出反应，制定应急预案，文章考虑火灾救援和人员安全疏散两个部分。系统根据预先仿真模拟的案例库进行数据挖掘，找到和本次火灾情形最为贴近的案例数据和逃生路线方案，案例的匹配性高低取决于案例数据库的完备性。生成的人群疏散路线会借助移动端 APP 快速的展示给用户，以 BIM 模型为基础查看着火点及出口路线进行实时逃生路线导航。火灾救援依赖于 BIM 模型三维可视化展示，借助案例库的人员分配方案进行救火行动。

在整个火灾应急管理的过程中，会有大量的数据信息收集至 SQL 数据库中，需要对数据进行定义分析，提取并存储火灾应急管理所需信息。在后续的管理中还需完善火灾案例库的建设，确保案例库齐全性和完整性。

本节借助 BIM 模型从建筑室内空间管理、建筑绿色分析和建筑火灾应急管理三个方面设计了办公建筑智能化运维管理框架，对推动建筑运维智能化发展提供了研究思路。

但本节也存在一定的不足：①空间管理用户属性划分仅包括重要用户和普通用户，而在日常办公建筑各单位用户属性根据职位和贡献属性的不同还包括多种类型；②人体代谢率的确定本节设定为固定参数，而其值因各用户体重、健康程度的不同而不同，在未来的研究中可以连接用户健康手环数据等方式实时计算人体代谢率值；③现实生活中发生火灾状况，大多数人可能是选择逃生，但也有部分人会有不同的决策选择，如参与救火、等待救援，所以在未来火灾应急管理中可以将人群不同行为决策考虑在内。

第五节 建筑智能化安装工程管理

随着经济的发展和技术的进步,建筑装饰工程逐渐朝着现代化的发向发展,其中弱电安装工程更能体现其智能化和人性化。本节对弱电工程进行了简单的概述,叙述了目前其管理中存在的问题,进一步探讨了弱点安装工程管理的具体措施。

弱电安装工程的质量是否良好,直接影响着整个建筑工程的效能,必须提升重视,加大对其的质量和安全的监管,从工程进行的各个环节入手,加大技术和制度的管理,确保弱电系统运营良好,以保证人们生产生活的正常进行。

一、智能化建筑弱电安装工程管理概述

目前,我国的经济和科技都取得了长远的进步,在这样的背景下,各行各业都进行了内部得调整和变革以顺应时代的发展趋势。计算机支撑的电子信息技术的发展完善,弱电系统在建筑行业得到迅猛发展,呈现了智能化、人性化、信息化的趋势。弱电系统的安装一般是由专业的技术人员进行,保证了却质量和安全。

在具体的建筑工程中,弱电安装工程作为整体的一部分,由于各种的原因,仍旧存在一些问题,主要表现在几个方面。一是相关的管理者意识薄弱,不够重视弱电安装工程的实施,导致其在施工中存在技术上的不合规操作,造成了一定的危害。其次,建筑工程本身的特殊性,导致建筑工程的实施需要各方面的技术和知识的支撑,比如建筑、土木工程、电力、消防管理各方面,这些所有的施工共同融合,整合彼此资源,才能保证整个建筑工程的效能完整呈现,在这个共享资源的过程中,造成了弱电安装工程的处境比较劣势。在建筑工程中,弱电安装工程和其他的工程同时施工,但是由于企业的相关规章制度不够完善,造成了出现问题时的踢皮球现象,责任不够明确。另外,部分弱电安装工程的建程施工人员的综合素质低下,造成了施工过程中的偷工减料、不合规操作,导致了严重的质量和安全问题。

二、智能化建筑弱电安装工程管理措施

(一)做好充足的准备工作

在弱电工程的施工之前,做好相应的准备工作,是保证工程安全质量的第一要务。首先,关于人员的安排,要选择综合技能和道德素养较高的人员进行施工,保证施工过程中的技术操作规范科学。其次,关于施工材料的选购,一定要选择正规的厂家,选择符合标准的高质量材料,有相关的证件,比如生产许可证和质量检查报告

等。另外，要对施工的环境做详细的考察和了解，集成各个管理层的智慧，制定出科学合理的施工方案，并做好一定的成果预测和财务预算，尽可能的使用最小的成本，实现最大化的效益。另外，弱电安装工程的技术要求较高，而且危险性也较高，应该制定相关的制度规范，对于具体的操作和施工进行监管。还要形成一定的应急措施，以防意外情况的发生，能够第一时间进行有效的处理。

（二）提升对技术的管理

技术的监管对于弱电安装工程的顺利进行至关重要，一般来说，对于技术的监管分为两个层面。一方面是对于施工技术的管理，需要对于施工人员进行严格的管理和培训，提升思想意识，时刻都严格按照相关的规范进行操作，将失误尽可能控制到最小的范围。同时也要在前期的准备工作中根据实际情况，选择适合的技术，并对其进行相关的实验，以保证技术的适用性和效率。另外的一方面，是关于施工中的相关机械设备的监管，在弱电安装的过程中，会使用相关的机械设备进行技术操作，必须保证设备的质量性能和安全性，选用性能良好的设备进行施工，并对于其状态进行及时的检查，发现设备故障的情况积极处理和解决，保障弱电安装工程的顺利进行。

（三）信息化的监管系统

目前的弱电安装系统都采用智能化的监管模式，这就要求必须建立健全信息化的监控平台。首先，关于建设内容的完善，不仅要有相应的网关、控制屏幕、显示器、操作终端等基本的设施，还要有对应的调控系统，保证对于弱电系统中的电压、电流、开关等进行智能化的控制，还有很多的其他的内容以保证弱电监控系统的稳定性和高效性。

信息化的监管系统一定程度节约了人力和时间的成本，使得监管得覆盖面积增大，实现了全方位的监管，在数据的保存和分析方面也更加的智能化，有利于建筑工程的智能化发展和人们生活水平的提升。

（四）对于布线的安全管理

布线的安全直接关系到整个弱电安装工程的安全质量，是弱电安装工程的核心环节。首先要制定完善适用的布线方案，在具体的布线施工中，做好电线之间的距离控制。其次，由于建筑工程的施工中，是很多施工技能共同分享建筑内部的空间，因此，必须注意线路的布置和其他诸如水管、网络等路线的科学处理，保证每一项目的施工都能够有效的配合，实现效益的最大化，避免不安全隐患的出现。最后，关于布线的安全监管还体现在具体的施工技术上，要求必须严格按照技术的规范进行操作,避免不合规操作带来的不良后果。

　　弱电安装工程的安全和质量对于整个建筑工程效能的实现至关重要,尤其在目前的现代化发展背景下,依托技术的支持,其有效促进了建筑工程的智能化发展。与此同时,企业必须提高重视,加强技术、制度、人员等各方面管理,多管齐下,加强施工的安全和质量,并且不断的创新新技术,形成规范化的技术操作,提升施工的效率,进一步促进建筑工程的现代化发展,使建筑工程更加智能化、人性化,提升建筑行业的核心竞争力,助力我国整体经济的发展。

第六节　综合体建筑智能化施工管理

　　随着我国环保经济的发展,建筑体设计趋于集成化、智能化,即一个建筑容纳多种功能,实现商业、民居、休闲、购物、体育运动等等功能,节省土地资源降低施工成本提升投资效益。而智能化的体现主要在于综合布线系统为代表的十大系统的合理设计和施工,实现对建筑体功能的控制。这就决定了该工程管理是比较复杂的,做好施工管理将决定了总体工程的品质。

一、综合体建筑智能化施工概念及意义

　　顾名思义以强电、弱电、暖通、综合布线等施工手段对综合体建筑智能化设备予以链接,使得综合建筑体具有的商业、民居、休闲、购物、体育运动、地下停车等功能得以实现。这样的施工便是综合体建筑智能化施工。也就是综合体建筑是智能化施工的平台,智能化施工是通过系统布线,将建筑工程各功能串联起来,赋予了建筑以智能,让各系统即联合又相对独立,提升建筑体的资源调配能力。建筑行业在我国属于支柱产业,其对资源的消耗是非常明显的,实现建筑集成赋予建筑智能,是建筑行业一直在寻求的解决方案,只是之前因为科技以及经验所限,不能达成这个愿望。而今在"互联网+"经济模式下,综合体建筑智能化施工,是将建筑和互联网结合的产物,对我国建筑业未来的发展具有积极的引导和促进作用。

二、综合体建筑智能化施工管理技术要求

　　任何工程的施工管理第一个目标就是质量管理。综合体建筑智能化施工管理,因为该工程具有多部门、多工种、多技术等特点,导致其管理技术要求更高,对管理人才也提出了更加严格的要求。在实际的管理当中,管理人才除了对工程主体的质量检查,还要控制智能化设备的质量。然后要对设计图纸进行会审,做好技术交底,并能尽量避免设计变更,确保工程顺利开展。其中监控系统是负责整个建筑的安全,

对其进行严格检测具有积极意义。

（一）控制施工质量

综合体建筑存在设计复杂性，其给具体施工造成了难度，如果管理不善很容易导致施工质量下降，提升工程安全风险，甚至于减弱建筑的功能作用。为了规避这个不良结果，需要积极地推出施工质量管理制度，落实施工安全质量责任制，让安全和质量能够落实到具体每个人的头上。而作为管理者控制施工质量需要从两方面入手，第一要控制原材料，第二要控制施工技术。从主客观上对建筑品质进行把控。首先要严格要求采购部门，按照要求采购原材料以及设备和管线，所有原材料必须在施工工地实验室进行实验，满足标准才能进入施工阶段。而控制施工技术的前提是，需要管理者及早介入图纸设计阶段，能够明确各部分技术要求，然后进行正确彻底的技术交底。最重要的是，在这个过程中，项目经理、工程监理能够就工程实际情况提出更好的设计方案，让设计人员的设计图纸更接近客观现实，避免之后施工环节出现变更。为了保证技术标准得到执行，管理人员要在施工过程中对各分项工程进行质量监测，严格要求各个工种按照施工技术施工，否则坚决返工，并给予严厉处罚。鉴于工程复杂技术繁复，笔者建议管理者成立质量安全巡查小组，以表格形式对完成或者在建的工程进行检查。

（二）智能化设备检查

综合体建筑的智能性是智能化设备赋予的，这个道理作为管理人员必须要明晰，如此才能对原材料以及智能化设备同等看待，采用严格的审核方式进行检查，杜绝不合格产品进入工程。智能化设备是实现综合建筑体的消防水泵、监控探头、停车数控、楼宇自控、音乐设备、广播设备、水电气三表远传设备、有线电视以及接收设备、音视频设备、无线对讲设备等等。另外，还有将各设备连接起来的综合布线所需的配线架、连接器、插座、插头以及适配器等等。当然控制这些设备的还有计算机。这些都列在智能化设备范畴之内。它们的质量直接关系到了综合体建筑集成以及智能水平。具体检查要依据设备出厂说明，参考其提供的参数进行调试，以智能化设备检查表一个个来进行功能和质量检查，确保所有智能化设备功能正常。

（三）建筑系统的设计检查

施工之前对设计图纸进行检查，是保证施工效果的关键。对于综合体建筑智能化施工管理来说，除了要具体把握设计图纸，寻找其和实际施工环境的矛盾点，同时也要检查综合体建筑各部分主体和智能化设备所需预留管线是否科学合理。总而言之，建筑系统的设计检查是非常复杂的，是确保综合体建筑商业、民居、体育活动、购物等功能发挥的基础。需要工程监理、项目经理、各系统施工管理、技术人员集体参加，对工程设计图纸进行会审，以便于对设计进行优化，或者发现设计问题及时调整。首先要分辨出各个建筑功能板块，然后针对监控、消防、三气、音乐广播、楼宇自控等——区分并捋清管线，防止管线彼此影响，并——标注方便在施工中分辨管线，避免管线复杂带来的混杂。

（四）监控系统检测

综合体建筑涉及到了民居、商业、停车场等建筑体，需要严密的监控系统来保证环境处在安保以及公安系统的监控之下。为了保证其符合工程要求，需要对其进行系统检测。在具体检测中要对系统的实用性进行检测，即检查监控系统的清晰度、存储量、存储周期等等。确保系统具有极高的可靠性，一旦发生失窃等案例，能够通过存储的视频来寻找线索，方便总台进行监控，为公安提供详细的破案信息。不仅如此，系统还要具有扩展性，就是系统升级方便，和其他设备能有效兼容。最终要求系统设备性价比高，即用最少的价格实现最多的功能和性能。同时售后方便，系统操作简单，方便安保人员操作和维护。

三、综合体建筑智能化施工管理难点

综合体建筑本身就比较复杂，对其进行智能化施工，使得管理难度直线上升。其中主要的管理难点是因为涉及到空调、暖气、通风、消防、水电气、电梯、监控等等管道以及设备安装，施工技术变得极为复杂，而且有的安全是几个部门同时进行，容易发生管理上的混乱。

（一）施工技术较为复杂

比如空调、暖气和通风属于暖通工程，电话、消防、计算机等则是弱电工程，电梯则是强电工程，另外还有综合布线工程等等，这些都涉及到了不同的施工技术。正因为如此给施工管理造成了一定的影响。目前为了提升施工管理效果需要管理者具有弱电、强电、暖通等施工经验。这也注定了管理人才成为实现高水平管理的关键。

（二）难以协调各行施工

首先主体建筑工程和管线安装之间就存在矛盾。像综合体建筑必须要在建筑施工过程中就要预留管线管道，这个工作需要工程管理者来进行具体沟通。这个是保证智能化设备和建筑主体融合的关键。其次便是对各个工种进行协调，确保工种之间有效对接,降低彼此的影响,确保工程尽快完成。但在实际管理中,经常存在建筑主体和管线之间的矛盾,导致这个结果的是因为沟通没有到位,是因为项目经理、工程监理没有积极地参与到设计图纸环节,使得设计图纸和实际施工环境不符,造成施工变更,增加施工成本。另外,在综合布线环节就非常容易出现问题,管线混乱缺乏标注,管线链接错误,导致设备不灵。

四、综合体建筑智能化施工管理优化

优化综合体建筑智能化施工管理,就要对影响施工管理效果的技术以及管理形式进行调整,实现各部门以施工图纸为基础有条不紊展开施工的局面,提升施工速度确保施工质量,实现综合体建筑预期功能作用。

(一)划分技术领域

综合性建筑智能化施工管理非常繁复,暖通工程、强电工程、弱电工程、管线工程等等,每个都涉及到不同技术标准,而且有的安装工程涉及到设备安装、电焊操作、设备调试,要进行不同技术的施工,给管理造成非常大影响。为了提高管理效果,就必须先将每个工程进行规划,计算出所需工种从而进行科学调配,如此也方便施工技术的融入和监测。比如暖通工程中央空调安装需要安装人员、电焊人员、电工等,管理者就必须进行调配,保证形成对应的操作团队,同时进行技术交底,确保安装人员、焊工以及电工各自执行自己的技术标准,同时还能够彼此配合高效工作。

(二)建立完善的管理制度

制度是保证秩序的关键。在综合体建筑智能化施工管理当中,首先需要建立的制度就是《工程质量管理制度》,对各个工种各个部门进行严格要求,明确原材料和施工技术对工程质量的重要性,从而提升全员质量意识,对每一部分工程质量建立质量责任制,出现责任有人负责。其次是《安全管理制度》,对施工安全进行管制,制定具体的安全细则,确保工人安全操作,避免安全事故的发生。其中可以贯彻全员安全生产责任制,对每个岗位的安全落实到人头。再次,制定《各部门施工管理制度》对隐蔽工程进行明确规定,必须工程监理以及项目经理共同确认下才能产生交接,避免工程漏项。

(三)保证综合体内各方面的施工协调

综合体内各方面施工协调,主要使得是综合体涉及到的十几个系统工程的协调,主要涉及到的是人和物的调配。要对高空作业、低空作业、电焊、强电、弱电等进行特别关注，防止彼此间互相影响导致施工事故。特别是要和强电、弱电部门积极沟通，确保电梯、电话等安装顺利进行，避免沟通不畅导致的电伤之类的事故。

综合体建筑智能化施工管理因为建筑本身以及智能化特点注定其具有复杂性，实现其高水平管理，首先要认识到具体影响管理水平的因素，比如技术和信息沟通等因素，形成良好的技术交底和管理流程。为了确保工程能够在有效管理下展开，还需要制定一系列制度，发挥其约束作用，避免施工人员擅自改变技术或者不听从管理造成施工事故。

第七节　智能化建筑机械安全管理

在建筑机械管理中推广智能化应用已经显得非常迫切。智能化应用能够准确显示和记录建筑机械的运行情况，为操作者提供操作指示和安全预警。在违规操作发生时，能够自动触发监控平台以及手机短信，实时远程告知、远程报警，为监管部门及时处理处罚违规作业提供了依据和手段，进而督促操作者和指挥人员提高安全意识，减少或杜绝事故隐患，提高了建筑机械的安全管理水平。

一、智能化系统建设

为了便于阐述智能化在建筑机械上的应用研究，本节选取塔吊作为研究对象。塔吊的智能化主要是塔吊安全监控系统，主要包括6个部分：主控器、传感器、显示器、通信模块、塔吊工监控软件、远程监控平台。塔吊安全监控系统是将塔机报警及工作记录显示装置、塔吊群防互撞及区域保护系统、远程在线电脑监视管理系统融为一体，可实时在塔吊、在线电脑上显示塔吊或塔吊群的工作状况，同时具有黑匣子功能、手机提醒功能、防互撞和区域保护功能、超载警示功能、防倾斜功能等。该监控平台采用触摸屏操作，信息直观易读，安装使用简便，在塔吊使用过程中，为操作人员和监管人员提供了全面的塔吊工作状态信息和充分的安全保障。

（一）塔吊运行数据采集

通过精密传感器，实时采集吊重、变幅、高度、回转转角、环境风速等多项安全作业工况实时数据。

（二）实时显示

通过显示屏，以图形数值方式实时显示当前实际工作参数和塔吊额定工作能力参数，使驾驶员直观了解塔吊工作状态，正确操作。

（三）单机运行状态监控

监控单台塔吊的运行安全指标，包括吊重、起重力矩、变幅、高度、工作回转角及作业高度风速，在临近额定限值时发出声光预警和报警。

（四）单机防碰撞监控

监控单台塔吊与建筑物的干涉防碰撞、禁行区域、塔吊自身各种限位，在临近额定限值时发出声光预警和报警。

（五）塔吊群防碰撞

监控塔吊群实时干涉作业的防碰撞，使塔吊驾驶员直观、全面地掌握周边塔吊与本机塔吊当前干涉情况，并在发现碰撞危险时自动进行声光预警和报警。

（六）远程可视化监控平台

塔吊安全监控系统的远程可视化监控平台，可在系统的主界面显示塔吊的相关信息，如：塔吊编号、起吊重量、小车变幅、起吊力矩、负载系数、现场风速、作业转角等信息，还可显示工地名称、开发商名称、施工单位、安全责任人、责任电话、塔吊坐标等信息。违规操作发生时，系统触发手机短信告警，向有关人员自动发送手机短信，实时告知报警内容。塔吊安全监控系统采用主控器及分布式数据服务器进行数据存储，保证数据安全；通过传感设备及无线通信技术，及时准确地将现场信息反映到用户界面。同时，通过层级权限设计，对塔吊安全进行全方位监管：施工单位——施工现场塔吊的及时监控和历史查询；租赁单位——对本公司塔吊所在的地理位置、运行状况进行查看和统计；监管部门——便于对所管辖区域进行监管和统计查询，使各级领导能够全面掌握所有塔吊的分布情况和运行状况。

推广使用塔吊安全监控系统，通过高科技手段获取真实的第一手数据，而且不可人为更改，为贯彻国家标准及相关文件要求，提供了强有力的技术支持。同时，也促进了相关管理法规的落实。推广使用塔吊安全监控系统，是加大监督管理力度、消除事故隐患的需要。安装塔吊安全监控管理装置可以有效减少违规现象的发生，并形成一定威慑力。塔吊管理人员已经习惯的"灰色地带"，经过数据提取和分析，将全部开放和实时、动态监管；不熟练的甚至不具备资质的操作人员的技能评估，将通过数据统计被曝光；所有塔吊的使用过程（包括吊载状态和非吊载状态）将通过数据分析得到再现，从而使相关人员的工作状态被有效监督。有些管理人员错误地认为，只要保证目前的安全限位器正常使用就能保证塔吊安全，实际上，非超载状态的安全和所有的运行记录，是无法通过目前的安全限位器实现的。使用塔吊安全监控系统，是提高从业人员素质、提高监督管理技术水平的需要。安全监控系统的数据记录功能保证了事故责任认定的科学性,并为塔机寿命预测以及塔机钢结构完好状态诊断,提供了基础数据,也为科学管理和事故预防提供了可能。

二、信息化下的建筑机械安全管理方法策略

(一)建立科学高效的建筑机械信息化管理流程

科学高效的信息化管理流程是实现建筑机械信息化的关键,因此要加快建立,促进流程在建筑机械信息化中的应用。该流程在设计上应该包括四个阶段:收集阶段,甄别阶段,决策阶段以及执行阶段,首先收集阶段要广泛集中收集各种相关的信息,然后在甄别阶段逐一筛选选出合适的数据,需要注意的是收集与甄别是一个反复的过程,在信息整理完成后再根据信息进行决策,选取最优方案,最后进入执行阶段,也就是输入信息,进行信息化管理。然而在科学的管理流程之上,要想从信息化角度解决当前建筑机械面临的一系列安全问题,还需要对建筑机械的大批量数据进行处理分析,这主要是由规范化数据是信息化实现的基础决定的。在数据的整理上,主要包括静态数据、动态数据以及中间数据三个部分。在充分处理好这些问题后,将进一步的推进建筑机械的安全管理。

(二)构建高质量的建筑机械安全管理平台,提高整体管理水平

构建建筑机械的安全管理平台,就要首先保证建筑机械的信息畅通和共享,使建筑机械建立一整套的供应链系统,在平台的设置上,要将建筑机械与相关人员和业务的信息进行统一集成,保证整个安全管理流程的畅通无阻,利用网络的方便与快捷,实时的对建筑机械进行管理,减少不必要的问题发生。

建筑起重机械的安全管理控制是一个复杂的、动态的过程,是系统工程,应从机械结构设计的合理性、设备制造质量的控制、安装和使用的规范性、日常的维护保养及检验等各个环节进行控制,各行政主管部门、施工单位、监理单位、检测单位、租赁单位等各方责任主体共同努力,充分发挥各自的作用,认真履职,才能保证建筑起重机械安全高效平稳的运转。

第八节 建筑智能化管理系统的分布化、综合化和动态化

信息资源的综合共享和一体化的全局管理是智能建筑的本质,而系统集成是其实现的核心,只有通过系统集成才能更高效、更快捷的实现信息资源共享。近几年,随着社会经济的发展,信息在社会中的地位越来越高,在社会各个方面都在信息化

的进程中,智能型建筑也必将进入新的发展方向。要体现系统的分布化和综合化、动态化和智能化就应该充分考虑建筑物的多种因素的影响,而建立一个完善的智能大厦,对工程方案的考核是一个十分重要的过程,前期仿真对于设计方案来说也是不可避免的一个步骤。

一、一体集成的分布化

系统、功能、网络与软件界面等多种的集成组成了系统一体化的智能大厦,计算机网络的运作和发展为智能集成化带来了可能。随着网络的发展,信息技术的进步,要实现建筑的智能化,过去的系统模式已经无法满足,我们必须要采取分布式的管理模式。所谓分布式的管理模式它能够高效、实时的监控和限制网络资源,在提高效率的同时也能实现各个目标。将网络系统根据不同的管理需求分为彼此独立的管理区域,参考地域、功能子系统、网络等分别选择管理者,各管理者对各管理域进行交互管理,以此进行全面整体的管理。层次结构和全分布结构这两种交互结构对管理者来说都是十分重要的,而全分布式结构的管理者之间的通信不用通过他人,可以直接实现。在现实的应用中,对管理进行分布化就是将管理应用功能从 C/S 模式转移到可以实现跨平台资源的透明互操作及协同计算功能的分布式计算平台。目前,基于过程的分布式计算和面向对象的分布式计算是支持分布式计算主要的两类环境。其中,最主流的是面向对象的分布式计算。例如基于 CORBA(公共对象请求代理体系结构)和 JAVA 的计算,对于比较大型和复杂的智能大厦系统,他们可以提供对象式的应用编程接口,十分适用,这一技术如今已在业内准备进行广泛应用。CORBA 是一个分布式结构平台,它面向对象且可以实现分布式应用系统更多的性能和应用,便于开发和维护分布式应用系统,也方便在异构环境下的集成,更加可靠,更具有可用性。Inprise 公司的 VisiBroker,IONA 的 Orbix,Digital 公司的 ObjectBroker 等都依照 CORBA 的规范。在智能建筑中引入基于面向对象的分布式计算技术是大势所趋,也是各项智能建筑的要求。分布式管理系统能够实现管理的分布性和并行性,更容易实现智能化大厦,对管理系统进行整体的优化。

二、一体集成的综合化

要实现建筑物智能化,网络是基础,网络的不断发展也为系统一体化的实现提供了理论支撑。随着建筑智能化的不断发展,被管理对象的数量、种类、组成、分布和服务度等因素也变得越来越复杂,所以,网络综合管理的分布化发展也是时代发展的必然结果。环境作为系统变化和发展的外部条件,与系统是相互作用、密不可分的,它们共同完成物质交换进程以及信息之间的交流。而系统与环境相统一之下的产物就是综合管理,它可以有效保证系统的资源的有效利用和运作。

三、一体集成的动态性

虽然事物的发展是相对不变的,但环境是在不断变化和发展的,所以智能建筑系统也要不断的适应环境的发展,一体集成的动态性正是满足了这一发展需求,而要实现动态化必须要采用分布式的管理系统,检测故障并且进行动态重组,是得系统具有可扩展性,通过互查技术来对系统进行检测,发现故障并且及时进行处理。且分布式系统的并行处理技术可使开通的难度降低,还可以使硬件和软件的模块连接的嵌入更加便捷,提高系统的性能。

四、前期仿真

要使智能大厦在提供安全、舒适、快捷的服务前提下,建立更加先进、科学和综合的管理机制,节省成本,并对系统进行优化配置,减少投资的成本,就需要在实施工程之前对系统设计的一系列要求和功能进行考察,予以纠正和完善。与其他研究试验网不同,智能大厦对网络系统可靠性、开放性很重视,相对的,智能大厦的前期动态仿真也显得十分关键。在上个世纪八十年代,美国的两位博士创立了Matlab,这为管理系统的前期进行动态仿真提供了可能。Simulink也在系统中,为仿真提供帮助。而且,这一软件还是可以提供接口,供其他软件使用,这样使调用智能化软件更加方便。连接与仿真是这一软件的两个主要功能。在模型窗口上用鼠标画出所需要的模型,便可直接对进行仿真。由于可以在系统的任意节点上输出波形,我们可以实时的对模型进行修改,更好的监控系统的工作的过程。基于Simulink的仿真技术的思想和方法必能在智能建筑中开创新的未来。

智能大厦不断发展,"数字城市"和"数字地球"的研究也不断加深,分布化、综合化、动态化是智能大厦系统集成的主要趋势,他们相辅相成,互相促进。对智能大厦的前期仿真是在这一投资行为中十分必要且重要的一步。根据现状,本人描述了高层民用建筑火灾自动报警系统的设计过程以及相应问题,以引起对高层民用建筑火灾自动报警系统的高度重视。防火防灾,保护人民的生命财产安全,是对设计这一系统的主要初衷,提高设计质量也是重中之重。

参 考 文 献

[1]赵志勇.浅谈建筑电气工程施工中的漏电保护技术[J].科技视界,2017(26):74-75.

[2]麻志铭.建筑电气工程施工中的漏电保护技术分析[J].工程技术研究,2016(05):39+59.

[3]范姗姗.建筑电气工程施工管理及质量控制[J].住宅与房地产,2016(15):179.

[4]王新宇.建筑电气工程施工中的漏电保护技术应用研究[J].科技风,2017(17):108.

[5]李小军.关于建筑电气工程施工中的漏电保护技术探讨[J].城市建筑,2016(14):144.

[6]李宏明.智能化技术在建筑电气工程中的应用研究[J].绿色环保建材,2017(01):132.

[7]谢国明,杨其.浅析建筑电气工程智能化技术的应用现状及优化措施[J].智能城市,2017(02):96.

[8]孙华建.论述建筑电气工程中智能化技术研究[J].建筑知识,2017,(12).

[9]王坤.建筑电气工程中智能化技术的运用研究[J].机电信息,2017,(03).

[10]沈万龙,王海成.建筑电气消防设计若干问题探讨[J].科技资讯,2006(17).

[11]林伟.建筑电气消防设计应该注意的问题探讨[J].科技信息(学术研究),2008(09).

[12]张晨光,吴春扬.建筑电气火灾原因分析及防范措施探讨[J].科技创新导报,2009(36).

[13]薛国峰.建筑中电气线路的火灾及其防范[J].中国新技术新产品,2009(24).

[14]陈永赞.浅谈商场电气防火[J].云南消防,2003(11).

[15]周韵.生产调度中心的建筑节能与智能化设计分析——以南方某通信生产

调度中心大楼为例[J].通讯世界,2019,26(8):54-55.

[16]杨昊寒,葛运,刘楚婕,张启菊.夏热冬冷地区智能化建筑外遮阳技术探究——以南京市为例[J].绿色科技,2019,22(12):213-215.

[17]郑玉婷.装配式建筑可持续发展评价研究[D].西安:西安建筑科技大学,2018.

[18]王存震.建筑智能化系统集成研究设计与实现[J].河南建材,2016(1):109-110.

[19]焦树志.建筑智能化系统集成研究设计与实现[J].工业设计,2016(2):63-64.

[20]陈明,应丹红.智能建筑系统集成的设计与实现[J].智能建筑与城市信息,2014(7):70-72.